环保进行时丛书

建筑环保新理念

JIANZHU HUANBAO XIN LINIAN

主编：张海君

U0334112

花山文艺出版社

河北·石家庄

图书在版编目（CIP）数据

建筑环保新理念 / 张海君主编. 一石家庄 ： 花山
文艺出版社，2013.4（2022.3重印）
　（环保进行时丛书）
　ISBN 978-7-5511-0938-3

Ⅰ.①建… Ⅱ.①张… Ⅲ.①生态建筑－青年读物②
生态建筑－少年读物　Ⅳ.①TU18-49

中国版本图书馆CIP数据核字(2013)第081158号

丛 书 名：环保进行时丛书
书　　名：建筑环保新理念
主　　编：张海君

责任编辑：梁东方
封面设计：慧敏书装
美术编辑：胡彤亮
出版发行：花山文艺出版社（邮政编码：050061）
　　　　　（河北省石家庄市友谊北大街 330号）

销售热线：0311-88643221
传　　真：0311-88643234
印　　刷：北京一鑫印务有限责任公司
经　　销：新华书店
开　　本：880×1230　1/16
印　　张：10
字　　数：160千字
版　　次：2013年5月第1版
　　　　　2022年3月第2次印刷
书　　号：ISBN 978-7-5511-0938-3
定　　价：38.00元

目　录

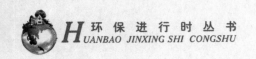
建
筑
环
保
新
理
念

第三章　低碳建筑与环境保护并重

第四章　低碳建筑的灵魂——低碳建材

第五章　发展低碳建筑的重中之重——节能减排

目　录

第一章

低碳建筑应该是什么样子的呢

一、从世界十大低碳建筑说开去

当低碳成为一个潮流风席卷而来时，各式各样的低碳建筑已经让我们应接不暇了，现在，让我们放眼整个世界，从世界级的低碳环保建筑开始欣赏吧！

超大规模"阳光谷"——上海世博轴工程

2010年1月22日，作为中国2010年上海世博会最大的单体工程，也是上海世博会外形最新颖奇美的一座永久性建筑——世博轴宣告竣工。世博轴工程建筑形式新颖独特，它在世界上首次采用了超大规模"阳光谷"结构，即六个远看如同上海市花白玉兰的巨型圆锥状结构，自然光透过"阳光谷"玻璃倾泻入地，可满足部分地下空间的采光需求并自然通风，提升地下空间的舒适感，节约大量能源。

世博轴工程屋面顶棚采用的索膜结构创造了一项世界之最。整个屋顶膜面由31个外桅杆、19个内桅杆及牵引桅杆的各类钢索作为支承系统，整个屋顶膜面长约843米、最宽处约97米，膜面展开面积达7.7万平方米，是世界上最大的索膜结构。世博轴工程屋面的外形如舒卷的白云，浪漫飘逸。世博轴工程采用了生态设计理念，除了"阳光谷"及下

上海世博会世博轴外观

建
筑
环
保
新
理
念

沉式草坡把阳光和绿色引入各层空间，还采用地源热泵、江水源热泵、雨水收集利用等新技术，引领当代建筑向绿色环保节能方向发展，体现了上海世博会"城市，让生活更美好"的主题。

体育竞技摇篮——"鸟巢"

国家体育场（"鸟巢"）是2008年北京奥运会主体育场。由2001年普利茨克奖获得者赫尔佐格、德梅隆与中国建筑师李兴刚等合作完成的巨型体育场设计，由艾未未担任设计顾问。国家体育场的形态如同孕育生命的"巢"，它更像一个摇篮，寄托着人类对未来的希望。设计者们对这个国家体育场没有作任何多余的处理，只是坦率地把结构暴露在外，因而自然形成了建筑的外观。"鸟巢"2009年入选世界10年十大建筑。

"鸟巢"外形结构主要由巨大的门式钢架组成，共有24根桁架柱。"鸟巢"建筑顶面呈鞍形，长轴为332.3米，短轴为296.4米，最高点高度为68.5米，最低点高度为42.8米。

体育场外壳采用可作为填充物的气垫膜，使屋顶达到完全防水的要求，阳光可以穿过透明的屋顶满足室内草坪的生长需要。比赛时，看台是可以通过多种方式进行变化的，可以满足不同时期不同观众量的要求，奥运期间的2万个临时座席分布在体育场的最上端，且能保证每个人都能清楚地看到整个赛场。入口、出口及人群流动通过流线区域的合理划分和设计得到了完美的解决。

"鸟巢"外观

世界最大单体航站楼——首都机场3号航站楼

从机场高速路两侧到3号航站楼前，覆盖植被总面积达70万平方米，相当于GTC整体建筑面积的两倍多，并且采用多品种的植被和地面标高的错落营造出空间的立体层次。三号航站楼外有两湖一河。景观湖分别为东湖A、东湖B和西湖三部分组成，占地面积约为12万平方米，蓄水量约50万立方米。该景观湖系统是保障汛期机场机坪雨水顺利排出和周边管线雨水的管线畅通的重要调蓄工具。这个系统以景观湖为核心，利用湖体作为积蓄利用的中心，整个系统主要由雨水收集、中水处理回用、湖水水质保障等子系统组成。对于雨水利用工程，主要功能是进行雨水生态收集、净化，截流截污和调蓄。

同时作为首都机场新航站楼前的一道重要的人文景观，湖边郁郁葱葱的绿色植物和景观湖环境有机地组织在一起，呈现出优美景观。

3号航站楼效果图

世界最"绿"建筑——"加州绿"

由意大利建筑师皮亚诺设计的美国加州科学馆耗资4.84亿美元，美国绿色建筑委员会授予该建筑"白金"级别绿色建筑称号，从而使其成为世界上规模最大的绿色建筑之一。

据美国《旧金山纪事报》报道，绰号为"加州绿"的新绿色建筑标准已于2011年1月正式生效。"加州绿"规定，建筑商在建筑过程中需安装室内节水设备，需将一半的建筑废物由填埋转为回收利用，需使用低污染的油漆、地毯和地板材料，在非居民住宅建筑中

"加州绿"内景

建 筑 环 保 新 理 念

需按水的用途不同分别安装水表。新标准还要求加州当地官员检查能源系统，确保非居民建筑物供暖设备、空调和其他机械设备高效运作。

似有若无的模糊大厦

模糊大厦是2002年瑞士博览会的一个展亭，它位于伊凡登勒邦城新城堡湖畔。模糊大厦采用轻质结构，100米宽、64米深、25米高。这座建筑的主要造型元素是将水就地取用。水从湖里泵上来，过滤，通过紧密排布的高压喷嘴喷放出细密水雾。形成的雾团成为自然与人工力量的互动。人工智能气候控制系统读取时刻变化着的气温、湿度、风速和风向。水汽经过中央电脑处理，调整31500个喷雾嘴的水压。进入雾团，视觉和声觉参照物一律消失，只剩下光学"乳白"现象和喷雾嘴发出的"白噪声"。模糊并非标新立异。与巨大环境相对，模糊是低调的：空无一物仅关注视觉本身。

人工智能与建筑的结合亦能是相得益彰的。不仅仅是实用性本身，同时也能成为建筑风格的一个组成。建筑如何与环境融合并创造、变化出全新形象，

模糊大厦外景图

这是建筑设计师孜孜不倦的追求。

沙漠之花——迪拜大楼

迪拜大楼的设计灵感：迪拜大楼的设计灵感来源于一种生长在沙漠里的花。它高高的尖顶从遥远之外仍然清晰可见。迪拜大楼的总高度超过700米，是世界上最高的大楼。

建筑师的目标：建筑师的目标不仅仅是打破大楼高度的纪录，而且要

建立一套新的世界质量标准，包括最精细的建筑、最佳的材料以及注重每个细节的精雕细琢。相当于17个英式足球场（或25个美式足球场）大小的玻璃和金属幕墙采用有机硅来装配。硅酮中空玻璃密封胶有助于降低中空玻璃中压力积聚的危险。硅酮结构密封胶将强化中空玻璃面板与幕墙框架之间的机械附着。之所以选择有机硅来完成这一任务，是因为它们能够承受高温、紫外线、地震和恶劣的气候条件，包括沙暴和大风。

迪拜大楼全景图

环保摩天楼——"印度塔"

"印度塔"的开发商将使"印度塔"成为符合美国绿色建筑委员会(USGBC)的LEED（能源与环境设计领袖）节能和环保标准的建筑，于2010年底完工。"印度塔"位于孟买南部沿海的一个称为"女王项链"的地区，"印度塔"的设计观念来源于孟买的气候、场地，以及希望创造一个与众不同的内部和外部空间，为所有的使用者提供最适宜的景观、内部装置和人格化的现代居住地。塔的设计也希望尽可能少地影响环境。它采用最先进的可持续系统和技术——阳光遮蔽、自然通风、日光雨水收集和"绿色的"内部装饰，使它成为印度最环保的摩天楼。

"印度塔"外景图

环保进行时丛书
HUANBAO JINXING SHI CONGSHU

第一章 低碳建筑应该是什么样子的呢

环保六颗绿星——CH2

坐落在墨尔本中心的市政府10层2号办公楼被叫做CH2，因其具有可持续性发展特征的设计和中心能量功效而获联合国建筑奖。

CH2是澳大利亚第一个旨在获得六颗绿星环保等级证书的办公大楼。它给人留下的印象是能够想象到的一个个隔间：配有热式质量冷却系统、光电池、风力涡轮机、污水再处理系统、冷冻天花板和令人称奇的光电力循环木制天窗挂毯。此挂毯能追随太阳的轨迹，从而能调节室内温度，使其冷暖适宜。墨尔本市希望利用这些环保设施能在10年内捞回本钱，其实对墨尔本更为有利的是它在世界范围内日见显著的名望。

CH$_2$外景图

国际爱护动物基金会总部

国际爱护动物基金会的新总部由三个相连的建筑物构成，为近200个员工提供了办公场地。该项目建设选择了切实可行的低成本策略，每平方米仅花费220美元。

新总部设计灵感来自于一只帆船，该建筑的外墙是浅白色，内部则是优雅的敞式结构和天然木材。设计团队还恢复草场，重新建立自然栖息地，彻底改变了这块从前被污染的土地。

国际爱护动物基金会员工也参与了设计工作，他们拿出了一个方

新总部大楼外景

案，减少个人办公空间，同时扩大协同工作区域，以提高主人翁意识。

大河能源总部

大河能源总部坐落在美国的明尼苏达州。该建筑是一个由混凝土框架和玻璃幕墙构成的四层办公楼。这栋办公楼代表了美国电力能效的最高水平，展示了办公室的节能潜力和最新的能效技术。大河能源总部希望自己这些先进的能效技术也能为客户所采用，从而减少对以化石燃料为基础的发电需求。

新办公楼设计采用了一些新设计理念，比如，创造优质空间，而不是增加空间数量；降低工作区二氧化碳排放；使用风力发电；利用地热等。

低碳环保型建筑能耗低、能效高、污染少，最低限度地使用不可再生资源，合理使用可再生资源。大河能源总部的建筑设计构想为在设计方法上力求做到自然与人的协调，要有所发现，有所创造，有所前进，并且技术转向更有效，更清洁，零排放，尽可能减少能源和其他资源消耗，为建筑与环保的共同发展创造出优美和谐的绿色结合。低碳环保型建筑是人类与自然和谐相处的产物，是人类文明的标志，是人类保护自己赖以生存环境的明智的选择。从世界十大低碳环保建筑的概况我们可以了解到低碳建筑发展建设的必要性，接下来我们将更深入地分析低碳建筑的细节设计和建造标准，让我们大家一起为了共同的地球家园而出一份力。

大河能源总部

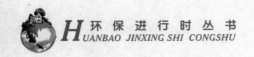

二、低碳建筑首先要让建筑活起来

建筑环保新理念

建筑是适应自然环境和人文环境而存在的，是经久不衰的"流动音乐"。

地球气候的多样性导致城市不同形态的建筑大量存在。传承历史的城市建筑都能很好地融合当地的地理环境和气候条件。

低碳建筑也要入乡随俗。从中国传统的民居来看，在东北和华北地区，由于气候寒冷，太阳入射角低，为了争取更多的日照，建筑的间距较大，院落开阔。

随着纬度的降低，气候变得湿润多雨，建筑对日照的要求逐渐让位于遮阳、避雨和通风。建筑的间距因此而接近，院落渐次变小。在江南和华南的部分地区，院落减退为一个天井，仅仅满足通风的需求。

生活在黄土高原的原始居民，由于气候干燥，雨量较少，在穴居的启发下发明了窑洞式住所。而在中国南方，由于地势低洼，气候炎热，雨量过多，人们在巢居的基础上发明了高脚建筑。

中国建筑学认为，建筑是从地上长出来的。所谓建筑好坏，某种意义上说就是人与自然地理环境能否和谐共生。

这种以天地人和为出发点的追求和认识闪烁着中国先圣们的真知灼见。这种建立在人与自然和谐发展基础上的理念贯穿了中国五千年的文明史，造就了中国东西南北中各具特色的城市风貌、建筑景

建筑要与自然和谐

观和文化。

在我国，有许多大型建筑都邀请外国建筑师来设计。某些外国大师对中国的城市和文脉缺乏理解，往往将历史古老的城市看作一张白纸，随心所欲地勾画蓝图，气势雄伟，效果夸张。还有一些地方的设计规划不顾气候、文化、生活的差异，直接抄袭欧美的风情小镇。雷同的规划、雷同的建筑、雷同的城市发展模式已经成为不少城市发展的重要问题。它们中断了历史文脉的延续，城市特色正在丧失。

建筑、人、自然的和谐

建筑需要思想。建筑设计不仅是一种技术能力或艺术的创造，也是一种社会责任。遵循可持续发展和环境调和的理念，创造出人们乐于生活和工作的建筑空间，是建筑师的历史使命。

气候的动态变化是普遍存在的。无论是极地还是赤道，都存在气候的年周期变化。而中国内陆的大陆性气候，无论是变化幅度还是对建筑的影响，都很突出。如何应对地理和气候条件，这是优秀建筑师的功力。建筑是活的，是适应地理和气候的一个活的生命体。建筑生命与人体的生命现象相似。建筑应该有能力改变自身体型，在冬季，紧凑封闭；在夏季，舒展开放。建筑应该有能力随季节合理变化。

德国的歌德有一句名言："建筑是凝固的音乐。"这句话深刻地影响了中国近代建筑设计的思想，至今，还有人常常提到它。

建筑环保新理念

中国的建筑应是流动的音乐。中国的建筑，应该根据气候的变化而改变自身形态。

中国的建筑家首先应该在环境和谐的思想基础上让建筑活起来，其次才考虑充分展现艺术大师的才能。

建筑具有鲜明的气候特征、民族特征、地域特征和时代特征。建筑是人类调和环境、满足舒适需求、适应自然环境的一种手段。

建筑是人类智慧的结晶。用建筑来应对人体与自然环境之间的温度变化，是人类有别于其他动物适应环境的高明之处。

让建筑活起来，让建筑入乡随俗，这是建筑可持续性的重要措施，是低碳城市对建筑的基本要求。

让建筑活起来，离不开材料、设备、设计和建造等各环节的低碳技术支撑。低碳设计、低碳建造的技术应该是集成创新技术。

对低碳设计和低碳建造而言，重要的是如何选择低碳的建筑体系。它包括建筑材料评价和应用、结构体系选型和评价、围护结构模块化、室内环境控制、材料循环利用等各个环节的技术支持。

低碳设计本身要反复推敲建筑的低碳概念，结合气候、生态环境来优化建筑整体的节能产能设计、建筑设备的系统设计、雨水利用设计、污水

利用环保材料建造的低碳建筑

利用设计、地下空间综合设计等。这些设计技术既有传统技术，也有先进技术的有效集成。

对于低碳建造的工艺，目前能够预见的有施工图深化设计、精细工艺设计、施工辅材消耗控制、施工废料减量化控制、施工水耗和能耗控制、施工污染消耗控制等。这些新的研究课题需要依据技术进步、技术集成而有所突破。

三、低碳建筑也需要冬暖夏凉的外衣

建筑外墙和屋面构成了建筑的外衣。建筑穿上保温外衣，可以有效减少室内的空调负荷，减低建筑用能量，进而减少二氧化碳排放。

通过外墙进入室内的空调负荷比例较大。改善建筑外墙热工性能，可以减小空调用能量，使外墙内表面的平均温度在夏天稍低，冬天稍高，提高室内环境舒适度。

改善建筑外墙热工性能，可以降低冬季采暖设计参数，提高夏季制冷的设计参数。在满足室内热舒适的条件下，减小通过外墙传热形成的采暖空调负荷。

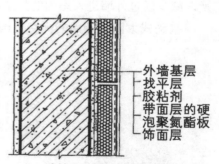

- 外墙基层
- 找平层
- 胶粘剂
- 带面层的硬泡聚氨酯板
- 饰面层

建筑外墙热工性能结构图

改善建筑外墙的热工性能，可以使采暖空调负荷的峰值变小，减少热源设备的装机容量，提高供能系统的综合效率。

改善建筑外墙的热工性能，就是提高其保温和隔热性能。外墙保温不好，冬季会导致室内墙面温度过低，从而结露、长霉、室内潮湿、室内热环境恶化。夏季，热工性能好的墙体隔热，能降低墙内表面温度，增加室内舒适度。

　　改善建筑外墙的热工性能有很多方法，传统的秦砖汉瓦已经不能满足工业化建筑体系的需求。新型墙体的发展，新材料、新技术的应用，给建筑低碳提供了有力的技术保证。

　　水导管外墙利用水的流动性和蓄热系数高的特点，将水充入墙体内的导管内，通过调节导管内水量的多少来控制墙体的隔热性能。

　　冬季，墙体导管内不充水，形成空气层，提高隔热性能，有利于保温。夏季，墙体内充满循环水，墙体吸收的太阳辐射被水流吸收带走。既阻隔了日晒，又获得了热水，一举两得。

　　被动式太阳能外墙，其外表面涂成深色的蓄热墙体，置于南向的玻璃后面，两者中间形成一个空气间层。太阳辐射透过玻璃进入空气间层，提高了外墙的热工性能。

　　同时，冬季太阳辐射穿过玻璃后，空气间层内的空气温度升高，热空气经上部的通风口送入室内。室内的冷空气通过下部进入空气间层，形成对流循环，不断提高室内空气温度。

　　夏季，太阳辐射穿过玻璃后，空气间层内的空气温度升高，开启室外侧面的上下两个通风口，空气在热压作用下，上升并排出到室外，带走热量，减少通过外墙进入室内的热量。

　　被动式太阳能外墙的优点是构造简单、造价低廉。冬季借助温室效应取暖，夏季促进通风降温，从而实现环境调和。

　　屋面也是建筑外围护结构的重要组成部分，其保温隔热性能对室内舒适度及建筑用能影响很大。

　　古代，中国的建筑屋面大多用瓦

环保材料可用于建筑外墙

来保证其热工性能。考古工作者在陕西长安一座西周大宫室基址上挖掘出数以千计的瓦片。它们有板瓦、筒瓦等多种形式，这是迄今世界上发现的最早的瓦。

如今，人类在建筑屋面的设计上有很多创新，采用了很多切实可行的方法。

通风屋面在夏热冬冷地区应用广泛，保温隔热性能优异。尤其是在气候炎热多雨的夏季，这种屋面结构更显示出它的优越性。

屋面有通风道的空气层结构。室外空气通过时，带走了部分从屋面传下来的热量，减少了传入室内的热量，提高了屋面的隔热能力。

在室内空调运行的情况下，通风屋面的内表面温度较低，通风屋面的内表面温度的波峰延后，有效地节能减碳。

蓄水屋面是在屋面上贮一层水，用来提高屋面的隔热能力。这与在一般的屋面上喷水、淋水的原理基本相同。

在气候干热、白天多风的地区，用水隔热的效果是显著的。水在蒸发时要吸收大量热量，减少了经屋面传入室内的热量，相应地降低了屋面的内表面温度。

蓄水屋面水蒸发量的大小与室外空气的相对湿度和风速有关。在下午2点前后，水的蒸发作用最为强烈。在这个时间段，屋面温度恰恰最高，屋面传热最强烈，使用效果最好。

蓄水屋面也存在缺点。在夜间，屋面蓄水后，不能利用屋面散热。而且屋面蓄水也增加了屋面净荷重，还要加强屋面的防水措施。

反射屋面通常是在屋面

绿化墙

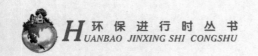
建
筑
环
保
新
理
念

喷涂一层白色或浅色的涂料，或在面层铺设白色或浅色的地面砖。反射屋面的隔热降温作用主要取决于屋面层表面反射材料的性质，如材料表面的光洁度、反射率等。

智能化屋面的顶部安装自动旋转盖，以调节室内采光量和控制室内气流。智能化屋面利用技术手段，自动化控制。室内安装多种传感器，对室内环境实行监控，并控制屋面的开启度。

绿化屋面则是利用屋顶植草、种花、种植灌木，再设喷水而形成屋顶花园。绿化屋面分为覆土种植和无土种植两种。覆土种植的隔热性能比无土种植的隔热效果要好。

绿化屋面是炎热地区的隔热保温措施。它吸收太阳能量用于植物的光合作用，改善建筑热环境和空气质量，使辐射能转化为植物的生物能，实现太阳能的综合利用。

绿化屋面可以追溯到几千年以前。这些先人的经验，再加上艺术性的技术和材料，为今天的城市提供了实现低碳的有力工具。

 # 四、低碳建筑离不开低碳空调

现代高层建筑越来越多，建筑物建筑面积大、结构复杂。空调系统是现代建筑中的耗电大户，每年空调耗电约占建筑总耗电的60%左右。因此，空调系统节能方案对打造低碳建筑起到关键作用。

人们根据室外气象条件的变化，最大限度地优化整个空调系统的运行效率，在满足室内温湿度及室内空气质量参数的基础上，达到低碳节能的效果。

优化室内温度控制

空调系统必须按天气最热、负荷最大时设计，并且留10%~20%的设计余量。但实际上大部分时间空调是不会在满负荷状态下运行的。传统的建筑由于没有精确的温度控制，往往造成夏季室温低、冬季室温高的现象，造成资源的浪费。据统计，夏季将空调温度设定值下调1℃，将增加9%的能耗，冬季将空调温度设定值上调1℃，将增加12%的能耗。提高空调系统的自动控制精度，快速自动调整室内温度，满足人们需求的同时，节能效果明显。据实际数据计算，节能效果在15%以上。

划分季节过渡标准

春季过渡模式的判断标准是两条，其一是本地区的历史室外计算（干球）温度记录，其二是室外日平均气温是否达到10℃。满足这两个条件时系统进入春季过渡季节模式，此时系统将根据时间表自动调节新风机组新风量的大小，以保证室内的舒适度。秋季过渡季节模式的判断标准其一为本地区的历史室外（干球）温度记录，其二是室外日平均气温是否达到8℃。满足这两个条件时系统进入秋季过渡季节模式，此时系统将根据运行的热湿负荷曲线以及时间表自动调节新风机组新风量的大小。

选择最佳启停时间

室内温度往往变化速度慢，提前关闭空调对短时间内室内温度影响不大，通过对空调设备的最佳启停时间设定和控制，可以在保证环境舒适的

建筑顶端为高效、环保、健康的新型空调系统

建
筑
环
保
新
理
念

前提下，缩短不必要的空调系统工作时间，达到节能的目的。另外，为了保证工作开始时环境的舒适，往往对空调系统预冷或预热。预冷预热时间的设定是否合理也影响节能的效果。

现代建筑中合理利用空调设备，在节约能源，提高经济效益的同时，也会为人们创造安全、舒适的低碳生活环境，是打造现代低碳建筑的重要环节。

建筑空调系统一般由热源系统、热量输送系统和末端装置组成，其用能量约占建筑总用能的一半。

空调的物理过程可以表述为：热源系统产生冷量或热量，经风机或水泵输送到室内，通过安装在室内的末端装置，将冷量或热量送入空调区域，满足环境设计的要求。

如何减少建筑空调系统的负荷，前面已经有过讲述。合理决定建筑室内的环境设计参数，与人体生理学和心理学有关，这里不准备涉及。这里仅讨论在不同的建筑空间中，采用什么样的空调方式来提高空调系统的综合效率。

建筑的空调方式大致可分为全空气方式、空气—水方式、全水方式、制冷剂直接蒸发方式等多种。全空气方式是依靠空气，把室内的热湿负荷带到室外。这是传统的方式，风管与风机占用空间大，设备集中，易于管理。

全空气方式又可分为定风量方式和变风量方式。定风量方式的送风量由空调系统的最大负荷确定，全年固定不变，依靠改变送风温度来满足室内的舒适度要求。

变风量方式是以改变送入房间的风量来适应室内空调负荷的变化。变风量方式适用于室内空调负荷多变的建筑空间。变风量空调系统可以降低风机的用能，减小风机的设计容量。

在宾馆和办公建筑中，广泛使用的风机盘管加新风系统属于空气—水方式。风机盘管是建筑空调系统中的末端设备，通过旁通阀或电磁阀调节经过自身的水量，或调节风机的转速，控制送入室内的热量，满足舒适度要求。

风机盘管环境噪声小，可灵活地调节房间温湿度。可以按房间朝向、使用目的、使用时间的不同，把空调系统分割为若干区域系统，进行分区控制。

全水方式是把热源系统产生的空调用水输送到室内的各末端装置的空调方式。全水方式的室内末端装置通常为风机盘管或辐射板。

制冷剂直接蒸发方式是由一台室外机向若干个室内机输送制冷剂，以满足室内设计要求的空调方式。它具有运转平稳、各房间可独立调节的优点，在较小面积的办公建筑中使用较多。

建筑空调方式的发展趋势是分区化、个性化。

首先是分区化。同一建筑不同空间的空调负荷差别很大，各个空间的功能和使用时间也不尽相同，通常的做法是将空调系统分区，以求系统高效运转。系统分区可以根据温

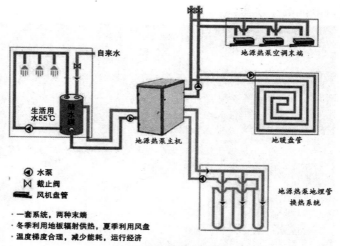

自来水

生活用水55℃

地源热泵空调末端

地暖盘管

地源热泵主机

▲ 水泵
✕ 截止阀
▬ 风机盘管

地源热泵地埋管换热系统

·一套系统，两种末端
·冬季利用地板辐射供热，夏季利用风盘
·温度梯度合理，减少能耗，运行经济

水地源热泵中央空调系统

湿度、负荷特性、使用功能、使用时间、空调设备容量、节能管理手段等因素实施。

办公建筑通常把平面分为周边区与内部区。针对各区负荷的特点，分别设置空调系统。周边区受到室外气温和太阳辐射的影响大，一般夏季需要供冷而冬季需要供热；内部区远离外围护结构，由于室内人体、照明及设备散热等原因，可能全年都需要供冷。

除了按朝向分区外，还可以按照空间的不同用途、使用时间来进行

分区。办公建筑可按办公室、会议室、食堂、活动室等分区，设置不同的空调系统；旅馆的客房是全天使用的，而餐厅、宴会厅、商店等公用部分非全天使用，可以按使用功能分区。

其次是个性化。在大型办公建筑中，个性化的个人空调方式应用趋多。其基本概念是把建筑整体空间与个人工作区域分开设置空调系统。两个空调系统采用不同的设计参数，进行个性化控制。

空调系统的热量输送包括送风系统、回风系统、排风系统、冷冻水系统、冷却水系统、空气热回收系统等。简单划分，则可以称为风系统和水系统。其中，风机和水泵的用能比例较大，提高其用能效率，是建筑节能的一个重点。

开窗通风

改变风机的工作状况，使其与已有管网相匹配，可以提高系统效率，降低风机用能。把一些大型建筑的定风量空调方式改造为变风量方式，可以提高综合效率。

把定风量方式改为变风量方式，则送风量随时变化，风机用能可降低50%左右。风机改造所需要增加的变频器投资和安装费用等，一般都可以在短时间内收回。

用水代替空气作为传输媒介，可以降低热量输送系统的用能。输水系统还可以通过在水中添加减阻剂，降低系统阻力，进一步节能。

对于全空气方式，水系统的运行用能约占空调总用能的15%左右。降低空调水系统的用能是提高空调系统效能的途径之一。

地板采暖是一个提高热舒适的空调系统。冬季的地板采暖，能直接满足人腿脚部的热舒适，进而保证人体舒适。其优点是节能、舒适，弱点是占用室内空间大。

自然通风也是一种空调方式。在合适的时空，自然通风不仅节能，而且能大大提高室内环境的舒适度。根据气象条件，也可以对建筑物进行夜间自然通风换气，利用建筑物的蓄能作用，把晚间凉爽空气的冷量储存起来，白天释放出来，节约空调用能量。

新型空调系统——毛细管网空调系统

据专家介绍，毛细管网是一种理想的高效换热器，具有安装方便、不占空间、用能品位低、高舒适度、绿色环保、寿命长、免维修等优点。毛细管网换热器作为末端可以用做隐形散热器、超薄地暖和辐射空调，还可以用于空调系统前端集热，用途十分广泛，与"节能减排降耗、提升建筑品质"关系密切。帝思迈毛细管网产品通过了国家化学建材检验中心和国家空调设备监督检验中心的各项权威检测，被评为世界上最舒适的空调系统。

毛细管网可以打造真正意义的生态空调环境，具有高舒适度和高效节能的特点。1985年，德国人Donald Herbs发明制造了毛细管网。2008年，帝思迈以英国为总部，以德国为研究中心，以中国为生产基地，地源热泵空调正式投入市场，湖南三腾引进欧洲先进的暖通技术，打造世界级的健康、舒适、节能居室环境。

毛细管网是两根供回水主管和若干并联的毛细管组成的集分水式结

构，根据使用要求可以和保温层或散热层结合，形成复合结构的毛细管网换热器，提高使用效率。毛细管网作为暖通末端，具有高效节能、舒适健康、节省空间、绿色环保、寿命长久、免于维修的优点，不仅可以提高传统空调机组的能效，还可以有效利用低品位能源。

建设部评估委员会专家认为："毛细管网换热器与地源热泵或空气源热泵结合，加上合理的控制组成一个节能系统，节能可达70%；如果再配合太阳能和冷热蓄能系统，节能可达90%左右。"

毛细管网空调系统

室外的能量可能来自阳光、空气或土壤，通过毛细管网中循环的介质均匀地散布到室内顶棚、地面或墙面。毛细管网和室内表面的装饰层相结合，就像皮肤中的毛细血管一样柔和地调节室内温度。徐徐的微风送来清新的空气，室内不再有异味，不再有甲醛和一氧化碳的污染，合理的湿度滋润您的皮肤和呼吸系统，家具、被服、粮食也不再发生霉变和虫咬，从而造就"恒温恒湿恒氧"的生态住宅。

低碳建筑应该是全方位地节能和降低二氧化碳排放的，新的技术必然会引领时尚并进入我们的生活，相信未来的建筑能实现空调系统的低碳化发展，为人类打造真正意义的生态建筑！

五、低碳建筑终极目标——零能源建筑

零能源建筑是不消耗常规能源建筑，完全依靠太阳能或者其他可再生能源。从节能建筑、绿色建筑、生态建筑、可持续性理念到最近的低碳，共同的目标都是为了降低二氧化碳的排放量。零能源建筑是低碳建筑中所追求的建筑本身的建造标准，许多欧美国家如瑞士、加拿大及德国都已发展零能源建筑。一些区域国家如日本、泰国和马来西亚也开始建筑工程。

随着人们对居住要求的提高，生态住宅也渐渐成为大势所趋。而生态的重点就是健康、环保、节能，这也正与目前发达国家住宅建设所提倡的"高舒适度微能耗建筑"理念所吻合。

所谓高舒适度微能耗建筑，是指在任意气候条件下，通过对建筑的科学设计、科学选材，使室内自然温度(即不用采暖制冷设备的温度)接近或保持在人体舒适温度20℃～26℃范围内，从而在为居住者提供健康、舒适、环保的居住空间的同时，降低建筑能耗，保护城市环境，有益人体健康。

在我国，零能耗建筑系统从2000年开始，以科技主题为地产的发展方向，研究以可持续性发展为核心技术的住宅科技，创造性地推出了一些高舒适度、微能耗、恒湿恒温的零能耗建筑，获得了专家与客户的高度认可与支持。

建筑效果

零能耗建筑系统全智能控制；不用或少用外界能源；24小时生活热水即开即用；室内空气保持清新， 温度、湿度、含氧量适宜。

建筑特点

系统要求这种建筑基本不消耗煤炭、石油、电力等不可再生能源，就能维持建筑的正常运转需要。零能源建筑的主要特点是，除了强调建筑围护结构被动式节能设计外，将建筑能源需求转向太阳能、风能、浅层地热能、生物质能等可再生能源，为人们的建筑行为，为人类、建筑与环境和谐共生寻找最佳的解决方案。

技术集成

（1）根据气候、场地、结构要求选择合理的建筑功能布局；

（2）建造智能、保温、遮阳的建筑围护结构；

（3）优化室内通风、采光系统，采用置换送风技术；

（4）大量使用太阳能、地热能、风能、生物能等可再生能源；

（5）采用辐射采暖、制冷系统，提高能源利用效率；

（6）推广节水技术、绿色建材、绿化技术等生态建筑技术；

（7）使用智能建筑控制技术；

（8）废热废水回收技术。

零能源建筑设计理念在于最大限度地利用自然能源，减少环境破坏与污染，实现零化石能源使用的目的，能源需求与废物处理实现基本循环利用的居住模式。建设这样一个实验性建筑群的目的，是为城市住宅建筑实现可持续发展提供一个综合性解决方案，它同时解决环境、社会、经济等不同方面的需求，并运用一些可靠的办法降低能耗、水耗和汽车使用量，最大限度地使用太阳能。该社区的建筑设计综合考虑一系列因素，如可再生能源、完美的建筑设计、可持续材料和低环境影响等，是比现代西方建筑和整体设计更为可取的方案。

通过这么多的努力，零能源建筑的能耗降低了75%，其余25%依靠可再生能源，即太阳光和风力发电。其中，90%来自太阳能光电板，最经济的选择是卖电系统，将电力卖给电力公司，待有需要时再引入电力。这也是为什么称此项目为"0 Energy Balance"，因为纯零能源的可实施性很差，譬如，庞大的蓄电池维修及管理费。这个项目运营到2009年，测定到仍有7%的能源缺口，原因来自风力发电的局限性。

此外，减少排放量也意味着延长建筑的使用寿命，实施建筑一生的能源管理。以在日本东北电力总部大厦实施的"使用寿命周期能源管理系统"为例，它可降低约50%的能耗。而在建筑设计中，日本已开始探讨两百年的建筑设计，急需解决的问题包括结构和强度、免震、设备更新的便利性以及功能的灵活性。

零能耗建筑有几种形式：一是独立的零能耗建筑。这种形式的建筑不依赖外界的能源供应，而是利用自身产生的能源独立运行。这是真正意义上的零能耗建筑。

二是收支相抵的零能耗建筑。这种形式的建筑与城市电网连接，利用安装在建筑物自身的低碳能源装置发电，当产生的电力大于需要的电力时，多余部分输出到电网；当产生的能源不能满足需求时，从电网购电补充。一年内生产的电力与从电网得到的电力相抵平衡。

三是包括社区设施的零能耗建筑。这种形式的建筑在建筑之外利用风能、太阳能、生物质能等这些城市新能源来支持建筑运行的能源需求。

不论哪种零能耗建筑，都需要两方面的努力：一是节能，通过各种被动和主动的方式，节约建筑用能；二是尽可能利用太阳能、风能、生物质能等。

建筑需要不同品位、不同形式的能源。例如，电视、电脑等电器设备需用电力驱动，而采暖和生活热水可以使用各种低品位热能。

以太阳能为例。最好的利用方式是把它转换为建筑需要的某种低品位能源而直接使用，而不是转换为高品位的电能再供建筑使用。建筑需要的能源对品位有不同要求，因而，很难与建筑本体的各类低碳能源相

匹配。

一些电网不能覆盖的西部或海岛，由于距离远、末端负荷小、电网损耗大，也是发展零能耗建筑的最好场合。在这些地区发展零能耗建筑，可以大幅度改善当地人民的用电状况。

另外，中国零能耗建筑的前途在农村。零能耗建筑是农村实现资源循环利用的重要环节。那里有广阔空间，可以大有作为。

当前，各级城市的政府都关注建筑节能、低碳城市建设。但是，如果把零能耗建筑作为实现建筑节能的解决途径，将社会对建筑节能的关注引导到零能耗的方向，是不合时宜的，但这种设计思路和低碳化理念可以为城市发展提供借鉴。

第二章

什么是低碳建筑？

一、大烟囱带来的问题与地球低碳的渴望

每个人都有一个梦，在梦里总会出现自己理想的小屋。一位著名建筑大师的理想小屋是："她，静静地品尝甘露，聆听大地的心跳，与草儿一起成长，永远向着太阳。"是的，每时每刻我们都在畅想，畅想属于人与自然的和谐家园……

梦想中的家园

烟囱多了

有一天，我们猛然发现，梦中的小屋越来越远，映入眼帘的却是有着烟囱的高楼大厦，不禁会有些许压抑，些许伤感。

每一座高能耗、高排放的建筑都是一个大烟囱，每时每刻都在排放废气。据统计，全世界能源消耗总量中有40%是建筑能源消耗，如美国建筑的耗电量占美国总耗电量的79%。建筑排放了全球温室气体的约33%。在各类环境污染中，与建筑有关的空气污染、光污染、电磁污染占了34%；建筑垃圾则占人类活动产出垃圾总量的40%。人类在建造房屋时往往忽略自然的存在，肆意破坏原有的自然的地形地貌，导致水土流失、绿地减少，最终使环境遭受严重污染，影响人们的生活。

目前，全球仅有不足1/4的人口居住在我们所定义的都市化现代建筑的空间内。按照目前工业化和城市化的速度，不到半个世纪将有4倍以上的人口成为高能耗建筑空间内的新增居民。如果不改变工业革命以来形成的这些高碳建筑的生产模式，推动现代建筑向低碳建筑转型，那么，50年后4倍以上灾难性的碳排放将冲击整个地球。

地球热了

近年来，随着地区经济的迅猛发展，环境污染问题也越来越严重，造

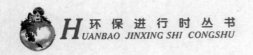

成地球不断变热，因而，保护地球已成为社会发展的一项重要举措，也是每个公民应尽的义务。

人类从19世纪50年代才开始有详细的气温记录。从那时算起，1987年总体来说是地球上最热的一年，1988年仍然比较热，这时，人们才开始意识到今后会不会向温室效应发展的问题。

以下是有关地球变热实地调查的报告：

据科学家调查，造成地球变热的原因一般分三类：地球内本身储热；火山喷发出热；人为造热。可是"地热"、"火山"只是短期存在的，不能导致全球长期变热，而"人为造热"却是导致地球变热的最直接的罪魁祸首。人们乱扔垃圾，乱砍伐树木，破坏了动物植物生存的环境。再加上臭氧层逐渐稀薄，二氧化碳像一个热罩，水源又极为缺乏，才造成了地球极端气候和自然灾害的频频发生。

造成地球变热的污染物是：一次性筷子、污水、塑料袋、垃圾，二氧化碳、化石燃料等。近一个世纪以来，随着现代工业和运输业的迅猛发展，大量的煤炭、石油等化石燃料被燃烧，数以万吨的二氧化碳被释放到大气中去，严重干扰了大气中二氧化碳循环的动态平衡；另一方面，近年来乱砍滥伐森林现象日益加剧，使森林面积逐年减少，树林光合作用吸收的二氧化碳的数量大幅度下降，结果使大气中的二氧化碳连年增加，由此地球产生"温室效应"而导致全球变热。

这些现象和我们生活在地球上的每个人都密切相关，我们要从自身出发，践行低碳生活，尽量使我们的生存环境得到改观。可见，作为学生的我们一样可以为地球的低碳做出点自己的贡献。

城市绿色标准与低碳化发展

城市生态保护是环境保护工作的重要组成部分，城市的环境保护工作理应受到生活在地球上的每个人的高度重视，目前，我国许多城市正在努力建设生态城市、绿色城市。建设绿色城市须达到"五化"标准，即实现"净化"、"绿化"、"活化"、"美化"和"文化"。

城市是人类生活的聚居地，也是各类污染集中的"重灾区"。城市污染包括水、气、土壤、噪声、废弃物等各个方面，而生态系统非常复杂，会造成温室效应、水华效应、健康效应、热岛效应等。

什么样的城市才算是生态环保的绿色城市？2002年在我国深圳召开的第五届城市生态大会上提出，一个生态城市要保障生态安全，发展生态产业，营造生态景观，建设生态文明。因此，要达到绿色城市的标准，一定要实现"五化"：

一是"净化"，即干净、安静、整洁。

二是"绿化"，不是只有大片的绿地，最主要的是乔灌草要结合起来，而且在选择树种、草种时尽可能选用本地品种。绿化不应该只是表面的绿化，而应该使城市各种生态系统应付污染的能力强。

三是"活化"，风有风道，水有水道。水一定是流通的，这样净化污染的能力就强。风也要是畅通的，不能全部都用高楼大厦堵起来，否则城市热岛效应就会很厉害。

四是"美化"，美化不是表面的装饰，而是在城市中体现生态美学，把自然美引导到城市里面来。

五是"文化"，一个可持续发展的城市一定是千百年来人和自然和谐相处，既要有当地的自然特色，还要有文化特色。

漂亮的绿色景观

生活在城市，每个人都希望不用空调就能四季如春，空气清新而又远离噪音……这样的绿色科技住宅是每个人都向往的生活。

而全球变暖、冰川消融、环境污染、能源危机……这一切都源于过去人类对自然的疯狂开发，这是一种不能持续发展的做法。人类只有一个地球，实现绿色、低碳生活和发展，关乎每个人的未来。

相关专家认为，绿色科技地产所包含的基本概念应该是健康、舒适、低碳、环保，同时又节能、节水、节材、节地和保护环境的建筑，最终是

建筑环保新理念

追求人与建筑、建筑与自然之间的和谐共生。

对于普通人来说，对绿色建筑的需求十分迫切。18℃～26℃恒定的室内温度，不需空调也四季如春；房间内百分之百清洁新鲜空气；噪音在45分贝以下……每个人都希望拥有这样

城市中的散热塔

有特色的房子，城市需要这样的建筑。

城市需要高起点的规划，绿色建筑是绿色科技的先行者，只有建造绿色建筑，二氧化碳的排放量才能达到低碳、环保的标准。低碳建筑是地球的渴望，是人类的渴望。

二、低碳建筑你了解吗？

21世纪是注重人与环境和谐发展的时代，而"建筑学是为人类建立生活环境的综合艺术和科学"，在21世纪，人类的建筑学观念进入到了生态建筑学阶段，因为人类的生存离不开洁净的空气、充足的阳光和葱郁的树木。的确，伴随着人类不断的反省，"低碳"建筑正向我们走来。

低碳建筑的核心价值在于它既可以抵御极端气候又能节能减排，同时，建筑行业采取节能减排的收益远大于成本，效果最佳。因此，推动现代建筑向低碳建筑转型，将是最切实、最高效的温室气体减排之路。

低碳建筑是指在建筑建造及使用过程中，以人类健康舒适为基础，以保护全球气候为目标，有效地利用自然、回归自然、保护自然，提倡循环利用，努力减少污染，保持能源消耗和控制二氧化碳排放处于较低的水

平，追求人与自然环境和谐共生、建筑的永续发展，以创造一个绿色健康的生活环境。

低碳建筑的特征是开源、节流、循环、绿色、科技。

关于绿色建筑，大卫和鲁希尔·帕卡德基金会曾经给出过一个直白的定义："任何一座建筑，如果其对周围环境所产生的负面影响要小于传统的建筑，那么它就可以被称为绿色建筑。这一概念揭示了传统的建筑已

奇特的垃圾桶外墙设计

经对人类环境的生存造成沉重的负担。以欧洲为例，欧盟各国一半的能源消费都与建筑有关，同时还造成农业用地损失、环境污染及温室气体排放等问题。因此，人们需要通过设计与建造方式的改变，应对21世纪的环境问题。在《大且绿——走向21世纪的可持续性建筑》一书中，绿色建筑被定义为：通过节约资源和关注使用者的健康，把对环境的影响降低到最低程度的建筑，其特点是拥有舒适和优美的环境。

在我国颁布的《绿色建筑评价标准》中，对绿色建筑的定义是"在建筑的全寿命周期内，最大限度地节约资源（节能、节地、节水、节材）、保护环境和减少污染，为人们提供健康、适用和高效的使用空间，与自然和谐共生的建筑"。

在各种报纸杂志和书籍上，常有"绿色建筑"、"生态建筑"、"可持续建筑"和"低碳建筑"等相似的概念出现。大体上，我们可以认为"绿色建筑"、"生态建筑"、"可持续建筑"和"低碳建筑"表述的是同一个内涵，那就是关注建筑的建造和使用对资源的

荷兰港口展览馆

第二章 什么是低碳建筑？

消耗及对环境造成的影响,同时,也强调为使用者提供健康舒适的生活环境。但进一步探讨,这些概念也有区别。"生态建筑"试图利用生态学的原理和方法解决建筑中的生态与环境问题。生态建筑的概念跟生态系统相关,可以认为是一种参照生态系统的规律来进行设计的建筑。生态系统中的核心观念就是一种自我循环的稳定状态。生态建筑的理想状态,就是能在小范围内达到自我循环,而不对环境造成过多负担。"低碳建筑"的概念较为宽泛,特别关注建筑的"环境"属性,采用一切可行措施来解决生态与环境的问题(不局限于生态学的原理和方法)是一个更易为普通大众所理解和接受的概念。只要是能产生环保效益,对资源进行有效利用的建筑都可以称之为低碳建筑。世界上现有的低碳建筑评估体系通常把低碳建筑分等级,也就是说,建筑有多"低碳",并不是一成不变的。

建筑环保新理念

叶之屋

"可持续发展建筑"是"可持续发展观"在建筑领域中的体现,可将其理解为在可持续发展理论和原则指导下设计和建造的建筑。"绿色建筑"、"生态建筑"和"低碳建筑"都强调对建筑的"环境——生态——资源"问题的关注。"可持续建筑"不仅关注"环境——生态——资源"问题,同时还强调"社会——经济——自然"的可持续发展,它涉及社会、经济、技术、人文等方面。"可持续建筑"的内涵和外延较"生态建筑"、"低碳建筑"和"绿色建筑"更为深刻、复杂。早期"生态建筑"的研究为"可持续建筑"奠定了理论基础,而"绿色建筑"的研究为"可持续建筑"的建造提供了科学的方法。在可持续发展观念的指导下,"绿色建筑"的内涵和外延都在不断拓展。可以说,从"生态建筑"、"绿色建筑"、"低碳建筑"到"可持续建筑"是一个从局部到整体、从低层次向高层次的认识发展过程。也可以根据低碳的程度不同,把可持续建筑理解为低碳建筑的最高阶段。

低碳建筑并不是一种建筑的新风格，而是一种结合21世纪人类发展所面对的环境问题，由建筑专业做出的回应。我们可以说勒·柯布西耶是现代建筑的代表人物，扎哈·哈迪德是解构主义的代表人物，但是在低碳建筑领域，不是有某个代表，而是有越来越多的优秀建筑师，通过绿色设计，让他们的作品更好地与环境和谐共处。

比如荷兰代尔夫特大学图书馆由麦肯诺建筑师事务所Mecanoo Architecten设计。设计师以景观设计的处理手法将图书馆的屋顶处理成一道大的缓坡，坡上覆盖草皮。图书馆主要空间均掩藏在草坡底下，草坡上仅露出一个显眼的圆锥体，使人一眼就看见图书馆的所在，草坡与校

荷兰代尔夫特大学图书馆

园环境连成一片，人们可以轻松自由地漫步或躺在草坡上享受阳光。

图书馆的玻璃外墙及处于馆内中心位置的透明圆锥体中空设计，不但引入自然光，节省能源，圆锥体顶部的天窗更能让空气对流，将馆内的热气带走。圆锥体的天窗成了空间的重心，藏书置于四周；独立式阅读座位有的传统向壁，有的却朝向透射柔和日光的圆锥体，让读者选择个人喜爱的景观。另外，有开放式的讨论区和提供信息的电脑使用区，除了实际功用，各区台凳形状、用色不一，各具视觉美感。图书馆的空间整洁、谐调和恬静。

 ### 三、多种多样的低碳建筑

绿色的行政办公大楼

随着世界经济的发展，一些行政办公大楼和一些写字楼也越来越注重

环保和低碳，于是，独具风格的低碳环保大楼越来越多地出现在我们的视野。

入口大厅：入口大厅是多数使用者步入建筑将要发现的第一个亮点，尽管材质的使用非常简洁，但缓缓下沉的天花板是在这个以弧线为主导的设计中唯一一次被用在水平表面的弧线，以此突出了这一空间的重要性，更重要的是这一弧线为随后而来的5层高中庭空间铺设了欲扬先抑的伏笔。

一层走廊：一层走廊设计中一个比较大胆的版本，以连续自由游走于墙面与顶面的灯线贯穿整个走廊空间，突出了空间的连续性，并且在对不同空间收放的处理上，起到了辅助甚至点睛

办公楼绿色设计外观

办公楼入口大厅设计

的作用。这种布置方式比较适合首层的展示功能。

建筑中庭设计：在建筑中庭的设计中，我们摒弃了通常对建筑室内各面做装饰设计的思路，而是认知这个大空间的连续性和开敞性，把各个功能空间作为一个小的建筑群体来设计，所谓中庭空间，我们实际是在考虑这些"单体建筑"之间的空间联系以及他们相互组合的效果。从图中可以看出，围绕中庭、门厅、开敞办公空间、大会议厅、小报告厅、餐厅、室外露台，都在相互错落的关系中找到了自己的位置，而当使用者漫步在这个空间中，也会为序列中的变化和统一的交替进行而产生惊喜。

大会议厅：大会议厅是整个室内设计中的几个亮点之一，尽管在材质和形态上延续了木条表面肌理和线性随机灯饰的效果，但其体量及造型的处理都在室内空间中十分突出，作为整个建筑中少有的几个大"盒子"，其盒子的形式反而被弱化，设

办公楼走廊设计

计重点被放在了界面肌理的延续和对空间的分割上。

小报告厅：小报告厅在室内设计中处于一个建筑小品的位置，尽管面积不大，但却激活了周围的空间。其外观形式独特，但使用材料非常简洁；内部空间可以作多种功能用途，如报告厅、贵宾休息室、衣帽间、餐饮服务等等。我们发现这样的一个多功能综合体在为大会议厅和中庭空间服务的过程中是非常灵活适用的，而且是必要的……

绿色森林里的蛋卷别墅

在日本的土地上拥有越来越多种类众多、令人着迷而又富有想象力的建筑，把日本的文化运用到现代的可持续建筑中已经成为日本建筑的

壳状别墅外观

壳状别墅室内景观

一个特征。如何寻求人类与大自然的和平共处，如何在不破坏生态环境的前提下更好地享受大自然给予的恩赐也是现代建筑的一个设计原理。日本在一片森林中设计了一间以壳状为设计理念的别墅，其外形设计完全颠覆和打破了传统的房屋设计结构。

设计师保持了水泥建材的原始质感，并未在外墙壁上做深加工，只是给别墅增开了几个小巧的椭圆形天窗，以满足室内照明。

别墅内空间相当宽敞，墙身大部分采用玻璃材料，采光率高。至于壳状别墅的两头，也都采用了全开放式设计，用玻璃墙来增强室内光照。

可以回收雨水的大楼

这座可持续性利用资源的建筑能够收集并利用雨水。建筑外部采用的革新性的凹面屋顶和外部沟槽结构都是围绕最大限度收集雨水而设计的。在大楼顶部，配有一个特制蓄水池，可以对雨水进行过滤处理，进而为楼内人们日常生活提供用水。多余的雨水以及通过外部凹槽保存的雨水，被存储到地下水库，以便日后使用。

低碳节能的学校建筑

美国华盛顿特区的西德威尔友谊中学位于华盛顿特区的西德威尔，在重新确立景观作为统一的背景下，使现有的建筑物和环境有效互补，形成和谐统一的整体。众所周知，新型建筑设计是以节省能源为原则的。太阳是首要的能量来源，太阳能是可再生的能源，该建筑最大限度地优化利用自然采光。在收集和分流雨水方面，该建筑在设计上体现了联网和复杂的天然分水岭。该建筑还大力使用循环水，庭院被发展成为一个人工湿地的设计，以循环利用废水。

整个学校给人一种唯我独尊的感觉。这所中学不仅教学水平高，同时学校的建筑和设施也非常绿色环保，因此成为美国最绿色的12所学校之一。西德威尔友谊中学拥有一片沼泽地，用于处理学校的污水，景观美化上也注重节水设计。此外，这所中学还安装了光伏太阳能电池板，采用被动太阳能设计。在建筑用料上，西德威尔友谊中学使用当地材料、回收材料以及森林管理委员会认证的木料。出色的日光照明和天然通风设计降低了学校的能耗，绿色屋顶可消除雨水中的污染，为野生

西德威尔友谊中学校园内部景观

动物提供一个迷你生态系统。这所学校是美国建筑师协会评选的10大绿色项目之一，获得"能源与环境设计领袖"LEED白金认证。

沃特福德小镇的无碳住宅

英国已经建成并推出了第一座零碳排放生态住宅样板房，开始供英国民众观摩，这也是英国首座将来能够大规模推广的生态住宅，他们计划在未来3～5年把类似的生态住宅推向商业市场，实现英国向空气减排二氧化碳的环保目标。

曾在英格兰赫特福德郡的沃特福德小镇展出的无碳住宅，是一座木质结构的4层双卧室住宅，其环保设计能减少80%的燃料费开支，每年可为住户节约能源费开支800英镑。该生态住宅获得英

沃特福德小镇展出的无碳住宅

国政府颁发的"五星级"认证书。

模范环保小镇的全木社区

瑞典南部小镇韦克舍堪称世界环保先锋，在发展清洁能源、应对全球变暖方面，韦克舍镇可谓新招迭出、妙趣横生。韦克舍市位于瑞典南部斯莫兰省，坐落在韦克舍湖畔，周围被森林覆盖。除了景致优美、历史悠久以外，韦克舍市多年来一直专注于环保建设，

全木社区外观图

成效显著，经验丰富，成为欧洲乃至全世界的环保"先行者"。

全木社区

韦克舍湖畔有一个特殊的社区，社区内楼房全部用木材建造。眼下，两栋8层高的木结构居民楼已落成，第3栋楼正在建造中。楼内地板、墙壁、天花板全部用木头制造，就连电梯也是木制品。整个小区全部完工预计需10至15年时间，完成后一共可容纳1200户人家。

负责这项工程的官员说，木材将成为未来瑞典的主流建材。他说，制造钢筋、水泥等建材需耗费大量能源，而培育森林能耗基本为零。由于瑞典境内森林资源丰富，发展木结构民居可谓得天独厚。

建筑师汉斯·安德伦补充说，树木还能吸收二氧化碳，混凝土做不到这一点。

这座城市里的建筑主要是以木造房屋为主，再加上非常好的采光设计。之所以用木头建房子，是因为这座城市的周围都是森林，可就近取材，降低运输费，并且木材与水泥、钢铁等建筑材料相比，使用时耗能更少。而良好的采光设计使各家庭能更充分地利用太阳能，节省点亮电灯所需的电能。

建筑环保新理念

韦克舍市减排的重要措施之一就是更新城市供暖、供电系统，用锯木场产生的碎木作燃料，替代煤、石油等化石燃料发电，电厂产生的余烬又可以成为植物肥料，冷却发电设备后产生的温水则用于家庭供暖，从而实现循环利用。

统一收集垃圾的装置

韦克舍市的住宅有个小区化的垃圾处理系统，将各家庭中的垃圾、厨余统一集中处理之后，利用它们来制造"生质能"（其实就是让垃圾产生沼气，利用这些沼气来发电或烧热水）。

废"柴"供暖

在韦克舍湖畔，大约5万户人家享受着一种独特的采暖方式：烧"柴"供暖，这项服务由桑德维克供暖厂提供。负责人拉尔斯·埃林朗说，这种供暖方法所用燃料来自"森林或锯木场的木片、树皮或树枝"。在桑德维克的总供暖量中，98.7%来自上述这些不起眼的废旧木料。

人们很难想到，1979年以前石油曾是桑德维克的唯一燃料来源，但第二次石油危机使瑞典人看到了发展自主新能源的重要性。瑞典开始引进生物能源技术。20多年后，生物能源已在这个北欧国家得到普及。

开发新燃料

环保小镇还在寻找新燃料。韦克舍大学校园内矗立着一栋号称全欧最大的木制建筑，瑞典第二代生物燃料的研发工作就在楼内开展。

安德斯·博丹教授说，他们正在研制一种学名叫二甲醚的燃料。它是一种无色气态醚，通常可在植物材料、农业废弃物或树干、树枝等伐木业残渣中提取。在木料残渣中提取的二甲醚当燃料尤其高效。博丹说，这项

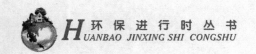
成果一旦进入应用领域，10年之内年产量有望扩展到40万吨。他希望，那时新燃料可支撑起全镇的公共交通系统，而私家车全部使用电力。

全城都是节能型房屋

早在20世纪90年代初期，韦克舍市政府就决定实施一项名为"无化石燃料"的环保节能项目，目标是把该城建设成为一座无须使用石油、天然气和煤炭等化石燃料的洁净都市。韦克舍市还设计了一套名为生态预算的环境管理系统，专门用于管理与环保节能相关的财政预算，确保专款专用。

韦克舍市政府和人民在节能上所使用的方式无所不包，当你走在夏日绿树成荫的韦克舍城的大街小巷时，随处可见的是骑车经过或者悠闲散步的居民，路上很少有私家车辆蜂拥而来的景象。对于赶时间上班上学的人群，政府则提供了使用清洁能源（如沼气、酒精、太阳能等等）的公共交通车辆，而对于驾驶环保车辆的车主，政府则免费提供停车场。

如果你来到韦克舍居民家，你会发现冬季供暖使用的是一种碎木渣制成的燃料，以往采用电力和石油供暖的地方都换成了生物能源和太阳能。

为了提高能源效率，韦克舍政府要求该城所有公共住宅和私人企业都必须修建节能型房屋，现在该市所有公共浴室的热水供应也都采用太阳能加热。

全世界都来学习

韦克舍市的节能方式引来了世界各国的兴趣，来自日本和中国的考察团多次向该市取经。目前，来该市学习环保节能方法的团体络绎不绝，而韦克舍市政府也从多年的环保工作中获得了一个意外的商机，那就是有偿传授自己的经验。韦克舍市政府专门推出了环保课程和节能经验介绍会，每次课程和会议都需交纳一笔"学费"，不过所有的服务则是免费的。

瑞典上下注重环保

韦克舍市的环保节能经验多年来不但造福了本地居民，也在瑞典全国形成了示范推广网络。在瑞典，无论政府还是民众，对于"绿色"的话题都十分热衷。

瑞典人本身就很热爱自然环境，而现在如何节能更是他们日常最关注的。瑞典首都斯德哥尔摩市也是一座相当注重环保的绿色城市，这里随处都可以见到海鸟、绿地、森林和湖泊。在斯德哥尔摩市，几乎所有的公司大楼和学校建筑都是采用感应式的照明系统，有人时自动感应开灯，无人时则断电熄灯，充分达到了节能和无须人工干预的效果。

此外，从首都开往全国各地和邻国的长途火车和长途汽车，也都是采用清洁生物能源。像瑞典火车公司SJ的网站首页上就特别提醒乘客，它们公司的火车都是采用环保型燃料，坐起来更健康舒适。就连瑞典的各家房屋公司，也都在环保节能问题上不遗余力地进行宣传，无论你是租房还是买房，大多会在收到合同的同时也收到一份写着该房屋公司的环保政策和节能指南的文件，提醒租户或者买主与他们一同保护环境，节约能源。

可以说，环保节能已经成为瑞典人的一种生活主题，保持生活环境的绿色，是他们追求生存质量的最佳方式。

他们还推出"绿色汽车"活动，鼓励市民使用生物燃料汽车（如酒精混合汽油，Ethanol E85，表示含酒精85%的汽油）。当地政府规定，生物燃料汽车在城市内行驶免交停车费。汽车所需生物燃料由当地污水处理厂利用废水制得。

因为这样的努力，韦克舍市如今二氧化碳排放量比1993年减少了30%，并努力在2010年将排放量降低50%，2025年降低70%。韦克舍市也成为欧洲环保城市的代表，每年吸引很多国外政治家、科学家和商业领袖前来取经。

四、低碳建筑的第一大特征——绿色

研究表明，要使1平方千米居住区的碳排放量达到平衡，我们就需要

建
筑
环
保
新
理
念

3平方千米的森林；要使1平方千米的商业区的碳排放量达到中和，则需要10平方千米的森林；而1平方千米的轻工业区则需要18.5平方千米的森林；1平方千米的重工业区需要50平方千米的森林……因此，如今建筑与绿色息息相关。

低碳建筑绝不是一个单纯的建筑概念，它是一个和环境综合起来的概念。高能耗的建筑绝对称不上是低碳建筑。2009年7月15日美国能源部长在清华大学演讲中说，全世界40%的能源消耗来自于建筑物能耗，美国大约有3000亿平方米的建筑，这些建筑所带来的能源消耗不容小觑。

每建一平方米的房屋需要消耗土地0.8平方米、钢铁55～60千克、能源0.2～0.3吨标准煤、混凝土0.2～0.23立方米、墙砖0.15～0.17立方米、二氧化碳排放0.75～0.8吨。这只是建设中消耗和排放的量，还没有计算搬进去后的量。

绿色建筑是人类发展必然的选择，所谓的低碳建筑，首先是要求它必须是绿色的、环保的，现在对绿色建筑普遍的理解是指在建筑材料与设备制造、施工建造和建筑物使用的整个生命周期内，减少化石能源的使用，提高能效，降低二氧化碳排放量。这与我国推行的绿色建筑是基本一致的。

专家表示，建造低碳建筑是一个系统性、体系化的过程，它涉及规划、设计、建造、运行等诸多环节，不可能速成。发展低碳建筑目前应做好三项工作：一是明确低碳建筑的基本概念、设计理念和建造方法；二是增强建筑师、房地产开发商对资源

能发电的低碳建筑

的整合能力；三是政府制定鼓励科技创新、节能减排、使用可再生能源的政策，并出台减免税收、财政补贴、政府采购、绿色信贷等措施。

被全面绿化的低碳建筑

关于绿色住宅，已经有很多的说法与定义，比如"与自然和谐共生的建筑"等。及至现在，对于绿色住宅又有了新的认识：建筑是视觉的艺术，建筑是凝固的音乐，绿色住宅首先要演绎的也是一种高规格的道法自然与回归自然。绿色住宅强调以人、建筑和自然环境的协调发展为目标，在利用天然条件和人工手段创造良好、健康的居住环境的同时，尽可能地控制和减少对自然环境的使用和破坏，体现向大自然索取和回报之间的平衡。

在自然的伟力面前，人与建筑都是渺小的。绿色住宅要做的更多的是尊重自然法则，顺应自然法则，与自然和谐共生，融合为一体。

对于绿色住宅来说，在节约资源方面应该体现明朗悠扬的感觉。绿色

风景优美的绿色庭院

住宅节约资源主要体现在节能、节地、节水、节材等几个方面。比如充分利用阳光，节省能源，为居住者创造一种接近自然的感觉；比如采用节能的建筑围护结构，减少采暖和空调的使用等等，不一而足。

绿色住宅内外都需要注重尽量节约资源：外部要强调与周边环境相融合，和谐一致、动静互补，做到保护自然生态环境；内部不能使用对人体有害的建筑材料和装修材料，室内空气能保持清新，温、湿度适当，使居住者感觉良好，身心健康。当然，还要根据地理条件，设置太阳能采暖、热水、发电及风力发电装置，以充分利用环境提供的天然可再生能源。

低碳建筑要本着与自然融合、"天人合一"的理念，才是符合未来建筑发展需求的，这属于绿色建筑的人文指标。我们反对那种用大量的资金构筑和维护所谓高档的生态环境的做法，这样的做法常常花了钱却达不到预期的效果，应该提倡大众化的、朴实的生态环境。除了合理规划设计外，减少噪声是非常重要的。人是相互影响的，所以社区居民文化层次的高低与物业管理部门所营造的文化氛围是分不开的。由此可见，在未来的建筑设计和建造中，绿色将成为低碳建筑的最基础条件，绿色建筑是未来的一个发展趋势，随着社会的发展进步，建筑也随着社会进步而不断更新

屋顶也披上绿色的城市

设计思路和建造观念，打造真正的低碳建筑，让我们的生活多一点健康和绿色。

五、低碳建筑的第二大特征——节能

低碳节约与节能是坚持科学发展观，发展低碳经济、循环经济，建设集约型社会的重大课题，也是在尊重生态规律、保护地球环境方面受到国际社会普遍关注的热点问题。资源节约包含的范围很广，就建筑产业来说，其占用大量的土地，消耗大量的能源和其他自然资源，以及使用中的长期耗费，竟然达到国家总耗费量的40%～50%。因此，建造低碳节约型建筑不仅具有现实意义，而且有着深远的战略意义。发展低碳节约型建筑这一课题，就是如何应用现代科技手段，解决节约能源、节约水资源和其他资源问题，以改善生活质量，减少环境污染，保持生态平衡。

随着科学技术的发展，人类社会创造了高度发达的物质文明和精神文明，但也引发了一些发人深省的问题。人口激增、供应不足、资源短缺、能源匮乏、生态破坏是全球危机的五大因素。这五大因素多与各类建筑的建设和使用有着密切的关系。房屋建造是以消耗大量自

发展低碳节约型建筑

然资源以及造成沉重的环境负面影响为代价的。据有关资料统计，人类从自然界获得的物质原料，有一半左右用于建造各类建筑和辅助设施，建筑业对环境的污染占34%。因此，发展低碳节约型建筑，对于维护生态平衡、保护地球环境、合理利用资源、实现可持续发展，具有重大意义。

维护生态平衡，保护地球环境

减碳节约是关系到建筑与生态、建筑与环境的大事，是国内外最为关注的一个发展建设的大问题。

近年来，联合国多次召开"人类环境大会"，要求在住房问题上倡导节能设计和无害化设计，提出减少不可再生能源和资源的

深圳折叠造型的节能建筑

利用，重复使用建筑构件和建筑产品，减少对环境的破坏，加强老旧建筑的修复中某些构成材料的重复使用，以减少废弃物污染环境。我国在向联合国提出的住区发展报告的规划中，要求在住房开发上必须坚持减碳节约和生态系统良性循环的原则；在目标上，实现生产生活与建筑自然的协调发展；在研究上，不仅研究人们的生产生活，而且也研究人类赖以生存的自然发展规律；在方法上，以生态环境为核心，设计追随自然、节约资源的建筑体系和结构；在技术上，加强促进生态良性循环、不污染环境、高效节能的建筑技术的推广应用，减少碳的排放量，贯彻循环经济的原则。

减少资源浪费

低碳节约型建筑最重要的技术标志是大力开发新型节约型建材，倡导低碳可再生能源、资源的利用，加强建筑构件的重复使用等。所有这些，无不是

建立在科技进步和改进工艺之上。资源节约的检验应该看是否做到合理利用资源,大力减少资源的浪费。

低碳建筑 适应未来发展

我国经济建设在节地、节能、节水、节材方面的任务艰巨。我国耕地面积只占国土面积的13%,人均耕地仅有1.43亩,而城乡建设用地年增长2.43%;600多个城市中有2/3供水不足,其中1/6的城市严重缺水;重要矿产资源储量不足,石油对外依存度超过30%;建筑用材消耗率高,在同等条件下,钢材比先进国家消耗量高出10%~25%,每立方米混凝土多耗水泥80千克。我国建筑能耗巨大,能源浪费现象十分严重,与发达国家相比,外墙能耗是其4~5倍,屋顶耗能是其2.5~5.5倍,门窗空气渗透量是其3~6倍,但我国人均能源资源占有量不到世界人均水平的1/2。面对这一情况,我们必须充分认识节约资源的重要性和迫切性,增强危机感和责任感,从节约资源、合理利用资源、大力减少资源浪费上找出路、求发展。因此,建造低碳节约型建筑,具有十分突出的现实意义。

为后来的发展

资源节约是可持续发展理念的重要组成部分,可持续发展的含义是,既满足当代人的需要,又不对后代人满足其需要的能力构成危害。它包括了"需要"和"限制"两个概念。当代人需要和后代人需要的"满足",是可持续发展的主要目标,离开了这个目标,"持续"便没有意义。社会经济发展是硬道理,然而发展必须限制在生态可能的范围内,即地球资源

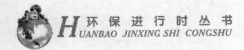

建筑环保新理念

的承载能力之内，超过了这个范围和能力可持续发展便成了一句空话。用可持续发展观念审视世界，不难看出，传统的建筑活动在为人们提供生产生活用房的同时，过度消耗自然资源，废热废气排放无度，加重了地球环境负担，使人们生活质量下降，因此，应对人类住区建设进行反思和重新审视，也因此在建筑领域贯彻资源节约的方针，对于坚持可持续发展理念具有非常特殊的意义。

低碳节约型建筑应该把能源、自然资源的利用，材料的选择，减少污染物的排放等，作为落实可持续发展理念的重点；应该能够节约土地，高效利用土地；有效利用能源，提高能源效率；大力推进可再生能源利用的进程；采取有效措施，对生产生活污水进行净化、回收和再利用；建筑材料的使用要以最小的资源输入为准则，使得各种物质材料都可以得到一定程度的回收和循环使用。

我国建设部十分重视低碳节约型建筑技术的研究和全面推广工作，为此专门下发了《关于全面推广节能省地型住宅和公共建筑的工作意见》，强调指出：要实现建设节能省地型住宅和公共建筑，重点要围绕建筑用地（选址）和建筑本身（结构、布局、资源、材料利用）两个方面，研究其建设和发展方式。应当尽量不占或少占耕地，集约

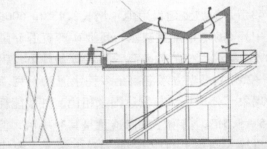

节约资源的建筑

和节约用地。必须立足地区特点，充分考虑水资源条件与承受能力，充分利用新能源和可再生能源。从全局和战略高度，重视和研究发展过程中的资源、能源利用问题。要以科学创新为支撑，抓好新材料、新产品以及新型能源和可再生能源的开发。要引进消化吸收国际先进理念和技术，增强自主创新能力，发展具有自主知识产权的适用技术，加大标准规范的编制力度，完善资源节约型建筑标准和规范体系。

综上所述，建造低碳节约型建筑普遍受到国内外有识之士的关注，具有十分重大的意义。可以预料，在举世瞩目的形势下，以维护生态平衡，加强环境保护，坚持可持续发展，造福人类社会为目的，低碳节约型建筑技术研究和推广必将取得突飞猛进的进步，获得卓有成效的发展。

 # 六、低碳建筑第三大特征——智能化

随着现代科技的发展，绿色建筑、低碳建筑、节约型建筑、智能建筑不断兴起，已经成为新时代建筑发展的主流。当今，绿色、低碳节约、智能化已经成为现代建筑的重要标志。它们之间既有不同之处又有共同的特点，然而它们的建设目的都是一致的，三者结合就能造就一个既符合生态、环保、安全、健康要求，又舒适便捷、配置合理、信息畅通、高效节能的居住环境。

绿色、低碳、节约型智能建筑技术应该是采用现代化、智能化的方法，节能、节水、节气，开发新能源和可再生能源，解决废水、废热的利用问题，以在改善水环境、热环境、气环境、声环境、光环境、绿化环境中发挥重要作用。

智能化技术让低碳节约不再遥远

低碳节约是目的，是方向，是总纲；智能化技术是手段，是方法，是措施。建造低碳节约型建筑是一项战略性的工作，是一个系统工程。

建筑环保新理念

低碳节约的目的在于合理地利用资源，有效地保护资源、节能降耗、治污减排；在物质世界的大环境中，创造一个首尾相连、良性循环的自然架构，避免并防止资源危机。这就是科学发展理念的大局，是建设技术的发展方向，是经济建设的总纲。

清华大学超低能耗大楼

智能化技术是综合并包含计算机、自动化、微电子等多种技术在内的信息科学，它建立了一个以计算机技术为核心的平台，有效地应用于低碳节约的建筑系统。利用各种不同的智能化系统，完成对常规能源、新能源、可再生能源的调控。加强对用电设备的管理，以节约能源；加强对水系统处理过程的智能化监控和节水器具的调控，开发水资源的重复利用技术，以节约用水；采用智能化的方法，对室内空气环境进行调控；充分将低位热能转换为高位能，以节约常规能源。应用智能化技术所构建的系统具有高度发达的信息交换、传输和处理能力，对

建筑要低碳节约

建筑设备和各有关功能系统的数据能进行检索存储、状态控制、超值报警；能对供电系统进行有效调控、并网发电，达到安全、稳定、高效运行；能利用节能软件对设备进行监控，实现优化组合；能根据各项参数对环境的影响建立环境动态舒适度模型，实现对温度、湿度、风速、光线、亮度等环境因素进行自动调节、

集成优化，达到环境舒适的综合最佳指标。它将各类智能化系统组成统一平台，进行综合管理，实现跨系统联动及数据、信息、资源共享，在有效节约资源、创造现代化居住条件上发挥着重要作用。

智能化技术在低碳节约上已经或正在发挥促进高效、节能、低耗、减排的作用，尤其在节能、节水、控制和调节热湿环境方面成效更为明显。

低碳型建筑的智能化节能

能源是国民经济的基础和生命线，也是环境问题的核心。节约能源、保护环境是我国的基本国策。建筑是能源供应的大户，在全球能源消耗中，建筑系统消耗了大约40%的能源，而且随着社会的发展，该比例有加大的趋势，因此，建筑系统的节能在全球可持续发展中具有举足轻重的作用。

建筑系统节能大致可分为三个部分，即结构节能、开源节能、用电节能。结构节能是在建筑朝向、围护的设计上和建筑材料的开发上采取措施；开源节能是推进新能源和可再生能源的使用；用电节能是采用科学、先进的方法，减少用电负载的能源耗费。

1. 结构节能

结构节能广泛采用热缓冲层技术、自然采光通风技术、能量活性建筑系统、混凝土楼板辐射储热蓄冷系统、围护结构的保温隔热系统、光电幕墙与光电屋顶一体化技术等，通过智能化系统的调控和优化，达到保温、隔热、供电的节能效果。

2. 开源节能

开源节能尽量减少常规能源的供应，加强可再生能源的开发利用。如采用太阳能、风能、地热能、潮汐能、生物质能等可再生能源发电、供电，通过智能化系统的调控和优化，达到蓄能、变换、稳

低能耗大楼的外观图

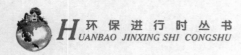
建
筑
环
保
新
理
念

压、稳频、联网、时控等要求。

3. 用电节能

用电节能是通过对用电负载的合理调控，达到增效、降耗的要求，以节省能源。用电节能首先要改善供电质量，减少谐波成分，调整功率因数；对照明系统采用感应器、可调照度装置，优化启闭；对动力系统，实行合理启动、最优化启停；对电梯系统，采用群控技术合理调控；对空调系统，采用热泵技术，包括太阳能热

用电节能

泵、地热源热泵、水环热泵等，把低位能提升为高位能以及采用变风量系统，以提高能量效率。用电节能通常采用智能化技术，通过设置楼宇设备监控系统来加以调控。

低碳建筑的智能化节水

水资源短缺是一个世界性的问题。1988年，世界环境委员会认为，水资源正在取代石油成为世界引起危机的主要问题；联合国《世界水资源综合评估报告》指出，水问题将严重制约21世纪全球经济与社会发展。节水已是全世界普遍关注的问题，我们在研究低碳节约型建筑时，不仅要关心建筑的节能问题，也要关心建筑的节水问题，开发和研制关键的节水技术和工艺设备，采用不用水或少用水的工艺，分质用水、优质优用、差质差用，实现污水资源化，从宏观战略上加强水资源的综合利用。资源节约型智能建筑普遍重视中水回用、污水资源化、雨水收集、海水淡化、节水机具等多种技术及其智能化调控和管理的研究。

　　所谓"中水"是指其水质介于上水（给水）和下水（排水）之间的杂用水，是把生活污水和其他污水经处理后，用于建筑或住宅小区的非饮用水。中水系统是节约用水的重要设施。中水系统应用智能化技术，控制原水收集、物化处理、增压回用、水位控制、仪表计量等。

　　如果让自然界提供的雨水白白流失，实在可惜。低碳节约型建筑以屋面和路面为介质，把雨水收集起来，用于绿地浇灌、道路喷洒、景观补水等，有效地利用了雨水资源。智能化系统在雨水收集中发挥了重要的调控和管理作用。

　　海滨及海岛城镇为了解决缺水问题进军海洋已成为人们的共识。大规模的海水淡化将为21世纪发展的必然。利用智能化控制太阳能淡化技术、电渗析法技术，已获得业界普遍关注，在低碳节约型建筑上也逐步获得了应用。

　　做饭、洗衣、洗澡、冲厕占家庭用水的80%，因此，改造厕所的冲洗设备，采用节水型家用机具，是低碳节约型建筑用水设备更新的重点。欧美、日本等许多国家和地区都要求安装新型、智能型节水装置，我国也正在逐步推广。

低碳建筑的热湿环境智能化

　　热湿环境是低碳节约型建筑环境中最主要的内容，它反映在空气环境的热湿特性上。热湿环境由温度、湿度、辐射和气流等多种要素组成，其调节目的在于为人们创造一个舒适的生活与工作环境，通常采用通风设备、取暖设备和空调设备来加以保证。低碳节约型智能建筑常采用太阳能、地热能以及常规能源，经过智能化调控，为人们创造一个高效、舒适的热湿环境。如利用太阳能加热通风，提供热水，取暖制冷；利用地热能采暖，做成热辐射地板。常规空调是用电大户，利用计算机监控系统，可以达到有效节能等。

　　由此可见，低碳节约与智能化技术有着极其密切的关系，智能化技术已不只在于信息传输与处理，而更关注与自然结合的低碳节约，成为低碳节约型建筑体系的一部分。以智能化推进低碳节约型建筑的发展，节约能源，促进新能源、新技术的应用，降低资源消耗和浪费，增强功效，减少污染和排放，是现代建筑的发展方向，也是低碳节约型建筑发展的必由之路。低碳节约型建筑引进了智能化技术，从而发展为低碳节约型智能建筑，它将成为21世纪建筑工程技术发展的主流。

节约型智能建筑

第三章

低碳建筑与环境保护并重

一、建筑与环境应该是和谐的

　　人类在最大限度地追求经济和社会发展的同时，也在不同程度地破坏着人类赖以生存的地球。原生环境问题是指一些非人类能力所能控制的，而由自然因素（活动）引起的环境变化。如由太阳辐射变化引起的台风、干旱、暴雨；由地球热力和动力作用产生的火山爆发、地震等。次生环境问题是指由人类的社会经济活动造成的对自然环境的破坏。如由于人类生产、生活引起的大气污染、水体污染、生态破坏、资源枯竭、水土流失、沙漠化、气候异常、地面沉降、诱发地震等。

　　低碳建筑在为人们提供健康、舒适、安全的居住、工作和活动空间的同时实现高效率地利用资源，最低限度影响环境，是"四节（节能、节地、节水、节材）两环保"的建筑。所谓"两环保"，第一是对外部的生态环境保护，对大自然最低的干扰；第二是对室内环境保护，提高居住人的健康水平。在信息与网络时代迅速发展的今天，利用信息化、网络、控制等技术，实现居住的更加安全、健康、舒适，最大限度地降低资源的消耗，最大限度地降低对环境的影响。从长远来看，低碳建筑既可以解决建筑、城市可持续发展的问题的需要，也是丰富、完善、更新、拓展传统建筑学科内容的需要，具有旺盛的生命力，是实现建筑业跨越式发展的有效途径。

　　低碳建筑在设计、施工和使用过程中执行低碳建筑标准，采用节能型的技术、工艺、材料和设备，利用

被破坏的生态环境

建筑环保新理念

光、温等气候条件和可再生能源，提高建筑物的保温隔热性能和用能系统效率，在保证建筑物室内热环境质量的前提下，可以降低建筑物能源消耗。

能降低能耗的室内装饰膜

低碳建筑的合理用能，不仅仅是单纯地抑制需求，减少能耗，而是在满足人们日益增长的健康和舒适感的需求下，尽量降低能耗。不使用能源和节约能源是两个完全不同的概念。节约能源应该是在使用能源的前提下尽可能地发挥能源的效率。"节能"被称为煤炭、石油、天然气、核能之外的第五大能源。应该说，低碳建筑是伴随着人们物质生活水平提高对居住、生活和工作环境质量提出更高要求而产生的。

我国正处于建筑业发展的鼎盛时期，过去10多年中竣工和施工的建筑面积的年均增长速度一直保持15%左右的高水平。2000年以来，我国每年的新建建筑面积以近20亿平方米的速度高速增长，每年新建的建筑接近整个加拿大全国建筑面积的总和。

低碳建筑有利于保护大气环境

与气候条件相近的发达国家相比，目前我国单位建筑面积的采暖空调耗能量，外墙大体上为他们的4～5倍，屋顶为2.5～5.5倍，外窗为1.5～2.2倍，门窗透气性为3～6倍。总体情况是我国的单位建筑面积采暖空调负荷约为同纬度气候相近国家的2～3倍左右。

我国是一个能源消费大国，全年能源消耗总量居世界第二位。从现在起严格按照新的建筑节能设计标准建房，并大力推广低碳建筑新模式，到2020年，我国建筑能耗可减少3.35亿吨标准煤，空调高峰负荷可减少约8000万千瓦(约相当于4.5个三峡电站的满负荷出力，减少电力建设投资约6000亿元)，由此造成的能源紧张状况必将大为缓解。

由于我国能源结构是以煤为主，煤炭的大量直接燃烧引起了城市大气污染日益严重。建筑采暖是城市大气的一个主要污染源。只有从源头上减少建筑采暖能耗，才能使采暖期城市大气污染的严重状况得到根本改变。

低碳建筑可以极大地推动我国建材领域的墙材革新，对保护耕地和生态环境起到积极作用。舒适的建筑热环境已经成为人们生活的需要。低碳建筑不仅能降低建筑能耗，而且能显著地改善室内环境的热舒适性，实现冬暖夏凉，提高人民群众的生活质量和健康水平。

二、城市不应该成为热岛

城市热岛效应是指城市中的气温明显高于外围郊区气温的现象。在近地面温度图上，郊区气温变化很小，而城区则是一个高温区，就像凸出海面的岛屿，由于这种岛屿代表高温的城市区域，所以就被形象地称为城市热岛。

产生城市热岛效应的因素有很多。首先，城市的地表面被建筑物和道路覆盖，由于大量硬质建筑材料和对太阳光辐射吸收较强的颜色的使用，地表吸收了大量热量，导致地表升温；其次，建筑物的空调、路面交通、路灯等伴随着各种城市活动，消耗了大量的能源，使覆盖城市的大气变得炽热起来，且由于绿地稀少，而无法通过蒸发来达到冷却的效果；此外，城区大气污染物浓度大，气溶胶微粒多，在一定程度上起了

保温作用。

　　热岛效应明显地损害了城市生活的舒适度，同时室外的高温化导致了建筑物内空调能耗的增加，而空调排热的增大又促使了城市气温的升高，形成了恶性循环。现在，很多从前没有必要使用空调的城市，由于城市热岛效应所导致的外界气温的上升，促使空调设备使用普遍，也加速了城市的热岛效应。相反，处于寒冷地区的城市，还可以将城市热岛效应作为防寒对策，并采取灵活的措施。因此结合地区的特点控制城市气候的想法和措施是十分必要的。

城市内外的热平衡

　　通过观察纽约及伦敦等大城市，城市内外的温度差最大可以达到10℃～12℃。建筑物的空调废热散发到空气中，道路上的车辆和地铁里的热气都以热气体形式散发到大气中。此外，随着城市下水道的完备，雨水大多直接流入下水道被排出，使得土壤得不到水分，而土壤的干燥造成了城市蒸发能力的降低。建筑物表面和道路所吸收的太阳热量由于得不到蒸发所带来的冷却作用，并且由于城市表面与空气间的温度差不得不向空中散发，造成了城市表面的高温状态。即使在夜间，白天散发不掉的热量仍不断向大气中散发，导致城市表面几乎一整天持续在高温状态下。

　　而城市外的绿地，由于植物有很好的蓄水源、保护地下水的功能，雨水能够保留在地表的土壤中，因此拥有充分的蒸发能力。白天，绿地表面基本与大气保持相同的温度，太阳热量的50%～80%通过蒸发从地表夺取了热量。当蒸发时，地下水位保持在土壤的地表处，土壤不会干燥。夜间，由于地表的辐射小，地表温度下降，当地表温度低于大气温度时，大气中的水蒸气就会在植物及地表面上结露。这样就产生了大气中的水蒸气白天蒸发、夜间结露的水分移动。

　　据研究推测，城市热岛效应形成的主要原因在于绿地的减少和能源的消耗，两种原因大体是各占一半。一般认为冬季城市热岛效应较强，不仅是因为冬季的大气安定度强，能源消耗大也是原因之一。

热岛效应对城市气候的影响

热岛效应对城市气候的影响表现在以下几方面。

（一）形成热岛环流

城市热岛在城市水平温度中像一个温暖的"岛屿"，即一个气温高于郊区的暖区，因此，地面气压要比郊区气压稍低一些。如果没有大的天气系统影响，在背景风速很弱时，就会出现由周围郊区吹向市区的微风，称热岛环流，或者"乡村风"。

热岛环流是由市区与郊区气温差形成热压而产生的局地风，风速一般都较小，如上海约为1～3m/s，北京约为1～2m/s。当背景风速较弱时，热岛环流会将郊区工厂排放的污染带进市区，扩大了城市区域的大气污染。

（二）影响市区降水量和空气湿度

热岛效应的出现加强了城市区域大气的热力对流，再加上城市大气中的许多污染物就是凝结核，使得城市区域的云量和降水量比郊区明显增多。1973年菲茨杰拉德等在做低空飞行时，对云的细微结构进行观测发现，从美国圣路易斯城区的上风方向到下风方向云的凝结核数目增加54%，下风方向云的凝结核数目较多，吸收性强，容易成云。

城市区域的降水量虽然比郊区多，但市区空气的相对湿度却比郊区低。其原因除了市区大部分降水被排出，地面蒸发到空气中的水分较少外，城市热岛效应也是主要原因之一。

（三）酷暑天气日渐增多，寒冷天气日渐减少

热岛效应引起一系列的气候反常现象：一是夏季城市区域酷热天气日数多于郊区；二是冬季城市区域寒冷天气日数少于郊区；三是城市无霜期长于郊区；四是降低了降雪频率和积雪时间。这种气候变化，使得城市区域采暖能耗下降，但却使夏季空调负荷增加。

利用较高反射率建筑材料减弱城市热岛效应

城市热岛效应对城市生态环境害多利少，从城市建设和低碳建筑的角度来看，应控制和减小日趋严重的热岛现象，改善城市热环境。城市中大量硬质的建筑材料和对太阳光吸收较强的颜色的使用是导致城市热岛效应的罪魁祸首。利用较高反射率的建筑材料减弱城市热岛效应是一个降低城市热岛效应的有效手段。

（一）反射率与地面物表的反光性

黑色的建筑材料可以吸收大量的热量。物体表面反射太阳辐射热量的能力叫作反射率。建筑物表面白漆的反射率值高达0.90，这意味着它可以反射90%的太阳辐射热量。沥青路面的反射率值只有0.05，也就是说，它只能反射太阳辐射热量的5%。物体表面反射太阳热量的能力（即反射率）从最低的反射值0，到最高的反射值1.0。

（二）地表加热作用

城市地区的温度要比农村地区的温度高出5℃~8℃。这是因为农村地区没有修建大量的人工建筑，因而没有集中大量的人工建筑材料。而在城市地区，正是这些人工建筑使温度升高，如所有的道路包括水泥路和沥青路，修建房屋的混凝土、砖块、石头和钢铁，还有

热岛效应地面监测系统

树木的砍伐和能够制造凉爽潮润气候的植被的破坏。道路、砖瓦、混凝土和钢铁材料上午吸收热量，下午当温度开始下降时便开始释放热量，从而

升高空气的温度，延长一天中最炎热的时间长度。一般来讲，材料的颜色越深，它吸收热量的能力也就越强。如果在城市地区遍布森林树木，那么树荫就随处可见。植物在新陈代谢时会蒸发大量的水分，这些从植物叶子中蒸发出来的水分可以用来降低空气的温度。溪水、河流的流动和向地下排水道的注入也会帮助降低城市地区的"地表加热作用"。

（三）表面反射和能源的使用

一般来讲，浅色表面的反射率值较高，能够反射大部分的太阳能量，而深色表面的反射率值较低，能够吸收大部分的太阳能量，例如黑色的沥青路。房屋获得的热量也是如此，深色的房屋因为其表面材料的反射率较低，室内的温度会较高。这是因为外部墙壁和屋顶获得的热量会通过建筑物自身的传导作用传到房屋的内部。传导作用是指在建筑物内部，热量从物体温度较高的部分（墙壁和屋顶）传送到温度较低的部分或者温度较低的空间。只有厚厚的温度绝缘层才可以阻止温度从高温向低温的传递。美国加利福尼亚州萨克拉门托的一项研究表明，把一间房屋墙壁和屋顶的建筑材料的反射

局促的城市建筑环境

林立的城市建筑

率从0.30提高到0.90，制冷设施的能量消耗因此下降了20%。在修建人工建筑时，地中海的很多国家如希腊，几个世纪以前就开始注意使用浅色建筑材料，使环境更加舒适。

修建小型居住房屋时，采用具有反射性的墙壁和屋顶建筑材料可以降低制冷成本。在修建大型建筑物如办公室和学校时，反射率是一方面，但同时还有其他值得引起注意的因素。在大型建筑中，由于使用了更多的电气设施和有更多的人员活动，因而会产生更多的内部热量。此外，与小型房屋内的居民相比，大型建筑内的办公人员分配到更小的内部空间，但是却有更多的外部建筑表面。大型建筑在节省能源方面，效果没有居住建筑那样明显，但是反光材料的应用毕竟会降低它们的使用成本。降低能源使用量的另外一个好处是，它可以降低二氧化碳的产生量，从而在抑制全球变暖方面发挥作用。在户外活动中，反光性也影响着能源的使用和人类的舒适度。假设某天的气温为32℃，当沥青路面的温度上升到60℃时，沥青路附近的温度要比草地附近的温度高3℃。在高温的夏季，人工建筑浅色表面（反射率值高）的温度要比深色建筑表面（反射率值低）的温度低8℃。

三、低碳建筑离不开环境的具体规划

低碳建筑的选址与规划的指导思想

城市建设活动给环境带来了巨大的副作用。分析研究表明，大约一半的温室效应气体来自于建筑材料的生产运输、建筑的建造以及运行管理有关的能源消耗。它还加剧了其他问题，如酸雨、臭氧层破坏等。根据欧洲的有关数据，建设活动引起的环境负担占总环境负担的15%～45%。

自然环境是人类赖以生存和生活的基础，建筑始终存在于一定的自然环境中，并与之不可分割。而低碳建筑则被看作是一种能与周围环境相融

合的新型建筑，它的出现最大限度地减少不可再生的能源、土地、水和材料的消耗，产生最小的直接环境负荷。建造低碳建筑要从实际出发，顺应自然、保护自然，体现建筑与环境相融合的整体感。

低碳建筑的场地选址与规划的目的是在利用场地的自然特征来增加人类的舒适和健康的同时，减少人类活动对环境的影响，并潜在地提供建筑的能源需求。保存场地的资源，并在建造和使用过程中节约使用能源和材料是其重要结果。

建筑与环境相融合

低碳建筑场地的选择与规划应从两方面考虑：一是考虑自然环境如地形地貌、风速、日照等对建筑节能的正作用，避免场地周围环境对低碳建筑本身可能产生的不良影响；二是减少建设用地给周边环境造成负面影响。

低碳建筑场地的选择与规划要坚持"可持续发展"的思想。应充分利用场地周边的自然条件，尽量保留和利用现有适宜的地形、地貌、植被和自然水系；在建筑的选址、朝向、布局、形态等方面，充分考虑当地气候特征和生态环境；优先选用已开发且具城市改造潜力的用地，场地环境安全可靠，远离污染源，并对自然灾害有充分的抵御能力；保护自然生态环境，尽可能减少对自然环境的负面影响，注重建筑与自然生态环

境的协调。

低碳建筑场地的选址与规划必须合理利用土地资源，保护耕地、林地及生态湿地。应充分论证场地总用地量；禁止非法占用耕地、林地及生态湿地，禁止占用自然保护区和濒危动物栖息地。建筑项目应尽量使用没有拆迁任务或拆迁任务少的土地作为建设用地。对荒地、废地进行改良、使用，以减少对耕地、林地及生态湿地侵占的可能性。

低碳建筑场地的选址与规划应避免靠近城市水源保护区，以减少对水源地的污染和破坏。区域原有水体形状、水量、水质不因建设而被破坏；自然植被与地貌生态价值不因建设而降低。

生物多样性是地球上的生命经过几十亿年的进化的结果，是人类社会赖以生存发展的物质基础。保护物种多样性就是保护我们人类生存的环境，室外环境设计的目标之一就是使经济发展与保护资源、保护生态环境协调一致。

应通过选址和场地设计将建设活动对环境的负面影响控制在国家相关标准规定的允许范围内，减少废水、废气、废物的排放，减少热岛效应，减少光污染和噪声污染，保护生物多样性和维持土壤水生态系统的平衡等。

场地安全

众所周知，风暴、洪水、泥石流等自然灾害对建筑场地会造成毁灭性的破坏。低碳建筑场地选址与规划必须保证场地环境安全可靠，确保对自然灾害有充分的抵御能力。这就要求设计人员掌握所选场地的地质与水文状况、气象条件等资料，并从防灾减灾角度对其做出分析评价。尽量避开可能产生泥石流、滑坡等自然灾害的地段；避开对建筑抗震不利的地段，如地质断裂带、易液化土、人工填土等地段；冬季寒冷地区和多沙暴地区应避开容易产生风切变的地段等。

近年来研究发现，氡、电磁波等对人体的健康也会产生危害。据有关资料显示，主要存在于土壤和石材中的氡是无色无味的致癌物质，会对人体产生极大的伤害。电磁辐射对人体有两种影响：一是电磁波的热效应，

建筑环保新理念

当人体吸收到一定量的时候就会出现高温生理反应，最后导致神经衰弱、白细胞减少等病变；二是电磁波的非热效应，当电磁波长时间作用于人体时，就会出现如心率、血压等生理改变和失眠、健忘等生理反应，对孕妇及胎儿的影响较大，后果严重者可以导致胎儿畸形或者流产。电磁辐射无声、无味、无形，但可以穿透包括人体在内的多种物质。如果人体长期暴露在超过安全的辐射剂量下，细胞就会被大面积杀伤或杀死，并产生多种疾病。能制造电磁辐射污染的污染源很多，如电视广播发射塔、雷达站、通信发射台、变电站、高压电线等。此外，如油库、煤气站、有毒物质车间等均有发生火灾、爆炸和毒气泄漏的可能。为此，在低碳建筑选址阶段必须符合国家相关的安全规定。

建设项目场地周围不应该存在污染物排放超标的污染源，包括油烟排放未达标的厨房、车库、超标排放的燃煤锅炉房、垃圾站、垃圾处理场及其他工业项目等，否则会污染场地周围的大气环境、影响人们的室外工作生活，与低碳建筑理念相悖。住区内部无排放超标的污染源。这里的污染源主要指：易产生噪声的学校和运动场地，易产生烟、气、尘、声的饮食店、修理铺、锅炉房和垃圾转运站等。在规划设计时应采取有效措施避免超标，同时还应根据项目性质合理布局或利用绿化进行隔离。

地质断裂带

环保进行时丛书
HUANBAO JINXING SHI CONGSHU

建
筑
环
保
新
理
念

四、低碳建筑与水系保护

充分发挥建设场地周围水系在提高环境景观品位、调节局地气候、营造动植物生存环境的作用，尽可能减少对场地周边环境自然地貌的改变。场地规划设计在可能的条件下可增加水面面积，应尽可能恢复河道周边植被，恢复原有河道失去的功能。

地球上的水并不是处于静止状态的。从全球范围看，水分主要通过蒸发（蒸腾）、水汽输送、降水和径流构成了一个封闭式的循环系统。即水在太阳辐射的作用下，由地球水陆表面蒸发变成水汽，水汽在上升和输送过程中遇冷凝结成云，又以降水的形式返回地表。水分进行这种不断的往复过程，即水分循环。海洋表面水分蒸发、凝结成云，并以降水的形式落在陆地上，陆地上的水分又以地表径流的形式重返海洋的过程称为水分大循环；海洋（或陆地）表面水分蒸发、凝结，又以降水的形式返回海洋（或陆地）的过程称为水分小循环。在自然状况下，地球上的总蒸发量与总降水量相等，整个地球上的水分总量大体上是恒等的。

城市化后，由于人类活动的影响，天然流域被开发，植被受破坏，土地利用状况改变，自然景观受到深刻的改造。不透水地面的大量增加，使城市的水文循环状况发生了变化，降水渗入地下的部分减少，填洼量减少，蒸发量也减少，产生地面径流的部分增大。这种变化随着城市化的发展和不透水面积率的增大而增大。

水循环系统的平衡是低碳建筑诸多系统平衡中的重要一项。

想要解决这一问题，有两个重要内容是需要引起大家重视的。一是增强地面透水能力。增强地面透水能力可强化天然降水的地下渗透能力，减轻排水系统负担，补充地下水量。二是增加绿化面积。绿地中树木的枝叶能够防止暴雨直接冲击土壤，减弱了雨水对地表的冲击，同时树冠还截留一部分雨水。自然降雨时，有15%～40%的水量被树林树冠截留或蒸发，有5%~10%的水量被地表蒸发，地表的径流量仅占0%~1%，大多数的水，即占50%~80%的水量被林地上一层厚而松的枯枝落叶所吸收，然后逐步渗入到土壤中，变成地下径流。这两项内容均可减少地表径流，促进雨水资源通过蒸发等途径进入自然的水循环系统中，并且在暴雨来临之际，还可以有效缓解城市排水系统的压力。

 ## 五、低碳建筑，健康光源少不了

选择最好的光源

照明占用全世界电力消费的近20%，而这些消耗很多是在白天。我们可以依靠简单的设计技术，比如自然光、镜子、反射面、光管系统、阳光跟踪系统等，来大幅削减照明的能源使用。

阳光跟踪系统是一个自动跟踪阳光的设备，使日光更深地进入建筑内部。目前的技术已经成熟，用于深空间的照明。该技术不仅减低照明的用电量，同时降低室内空调负荷。

建筑照明还可以采用很多节能减排的技术手段。比如，新型物联网技术就可以在不需要使用时，自动关掉灯、设备和机器的能源。广泛使用LED（发光二极管）节能灯等也是有效的手段。

照明有利于健康。在阴暗的光线下，勉强去辨识过小的文字，眼睛就会疲劳，时间一长，视力还会永久性减退。

随着生活条件的改善，人们对室内的亮度要求提高，照明用电的需求量急速增长。然而，照明亮度并不是越亮越好，它根据工作场所的视觉要求而定。建筑空间应有适宜的亮度分布，过亮或过暗均不适宜。

自然光是一种廉价而无污染的光源。白天利用太阳的直射阳光和散射光线，使光线进入室内并合理分布，节约照明用电。人类长期生活在自然光下，眼睛对自然光源比较适应。

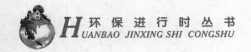
建筑环保新理念

　　自从电光源出现后，光的利用不受空间和时间的限制，一些原本可以利用自然光的场合都不开窗户，昼夜用电照明。有些场所虽有窗户，但采光量却远远满足不了使用要求。

　　外窗是自然光进入室内的主要途径。建筑朝向及窗户尺寸直接影响日照量。当附近有高大建筑遮挡，日照不足时，可增强附近建筑物墙面的光反射，使得建筑内部接受尽量多的自然光线。另外，使用白色或浅色地面，也能使室内较为明亮。

　　在一些不需要直射光的场合，为了遮挡直射阳光而遮挡自然光就不明智了。直射光的方向性较强，可以利用折射或反射的方法遮挡直射光，将光扩散到室内，也可将直射光转化为扩散光，以提高自然光的利用率。

　　晚间应充分利用人工光源发出的光，减少光的损失，节约照明用电。光在室内的损失途径为：一是光线被建筑及物品的表面所吸收，颜色愈深愈黑，表面吸收光线愈多；二是光线从开口部位射出，照明光线会通过没有遮挡的玻璃窗不断向外散失。

　　控制光损失的方法是提高室内墙壁、天棚、地面及家具等物品的光反射率，采用白色或浅色装饰，有利于表面反射光线，也有利于照度分布。夜间窗户用不透明的、光反射性能好的窗帘或百叶窗帘加以遮挡。

　　照明高效用能的主要途径是选用节能灯。选用效率高、寿命长、安全和性能稳定的光源，LED值得重视。新型LED的发光效率是白炽灯的10倍，

整修排水系统

寿命达到10万小时。LED是照明光源的发展趋势。

白光LED灯被认为是21世纪的新光源，正在取代白炽灯和日光灯，成为照明市场的主导。白光LED灯的优点是直流驱动、响应快、体积小、寿命长、全固体、结构简单、无毒、耐候性好、理论光效率高。

除了灯具节能以外，精心设计照明系统也是照明节能的重要因素。

对于办公大楼的照明，室内要求较为精细的视觉舒适性。因多人共用空间，照明的数量和质量应满足多数人的视觉要求。应尽量利用天然光，在提高心理满意度的同时节约电能。

商场照明为顾客创造一个愉快和舒适的购物环境。营业厅灯光要诱导顾客的视线，使其视线集中到陈列的商品上。商品照明应充分显示商品真实的外貌，显示品牌定位和品牌文化，增进顾客的购物欲望。商品照明要烘托出使人留恋的氛围。教室照明为课桌面和黑板提供足够的照度，要能提高学习效率，降低学生的近视率，为教师提供良好的授课条件，提高教学效果。

客房照明要结合装修与家具设置局部照明，采用低色温光源，形成温馨、宜人和热情的照明环境，并采用调光和分别控制等手段，满足客人的需要。

多功能厅照明一般采用直管形荧光灯，装饰用花灯也可采用荧光灯。多功能厅的灯宜设可调光回路，满足不同功能的要求。

医院的照明要能为医生提供良好的诊断、治疗、检验的照明条件，要能提高医疗工作效率，降低视觉疲劳，并为患者提供整洁、清静、舒适的照明环境，消除患者的焦虑和烦躁情绪，增强其治疗疾病的信心。

总的来讲，建筑照明要根据不同区域、不同功能进行合理的系统设计，充分利用自然光源，做到环境调和。

杜绝光污染

光污染即噪光污染。所谓噪光，是对人体心理和生理健康产生一定影响及危害的光线。噪光污染主要是指白光污染和人工白昼。20世纪70年代末至80年代初，国外开始大量使用一些新型建筑材料，以这些材料制成

建筑环保新理念

的镜面建筑很快在西方风行起来，并于20世纪80年代传入我国。在我国深圳、广州、上海、北京等大中城市，大面积采用玻璃幕墙装饰建筑外露面随处可见。然而，由此造成的白光污染却是人们始料不及的。根据光学专家测定，镜面玻璃建筑物玻璃的反射光比阳光照射更强烈。镜面玻璃的反射系数达82%～90%，比毛面砖石类外装饰建筑墙面的反射系数大10倍左右，大大超过人体所能承受的范围。研究发现，长时间在白光污染环境下工作和生活的人，易导致视力下降，同时还会产生头晕目眩、食欲下降等类似神经衰弱的病症。因玻璃幕墙对周围建筑和街景的折射而造成的错觉，使交通事故层出不穷。

我们经常看到现代化的办公大楼在太阳偏斜时拖出长长的阴影，受阳光照射一面的玻璃幕墙反射的阳光又使街道对面和对面建筑中的人感到难受，人们把这种现象称为"光

光污染

污染"。有光污染的建筑周围是受害区，这个区域成为无人喜爱活动的区域，周围的建筑也无人爱去居住或办公，构成了真正的生态破坏。因此，按低碳建筑的观点，现代主义引以为自豪的一切高层、超高层及玻璃幕墙建筑都是反生态的。

如1996年8月，上海市10多户居民联名状告居所附近的高层邻居，原因是这些高楼大厦外墙装饰的玻璃幕墙大面积强烈反光。炎炎夏日，太阳光被反射到居民室内，不仅光亮刺眼，而且造成室内急骤升温，对居住在

这里的居民的正常生活和工作造成严重影响。同年11月，在北京朝阳区发生了一件事——玻璃幕墙反射的太阳光照射，加上镀膜玻璃安装不平整，造成聚光效果，把轿车门上的橡胶密封条烤化到"流泪"。同时，幕墙玻璃像一面巨型的镜子，在太阳光的照射下，严重影响着街道上的车辆和行人的交通安全。北京的一些司机反映，下午4点从西往东经过西客站，强烈的反光刺得眼睛都睁不开，若不警惕，这种光污染造成的交通事故恐怕就难以避免了。因此，如何合理、科学地利用玻璃幕墙和开发低反射率玻璃幕墙，改善光污染是当前国内外关心的热门课题。

低碳建筑设计应最大限度地降低环境负荷，减少建筑外立面和室外照明引起的光污染。

多用室外绿色照明

绿色照明是20世纪90年代提出的照明领域的新方针，它是从节约能源、保护环境的角度提出来的。美国环保局于1991年提出了绿色照明和有关计划，并积极付诸实施，多年来取得了显著成效，并得到了联合国和世界众多国家的关注。

我国对节约能源十分重视，在照明领域的节能也进行了很多工作。中国照明学会1990年组织撰写了《未来十年照明节能预测》的报告，对20世纪最后10年的照明节能潜力进行了研究分析，提出了技术措施和建议。原国家经贸委早在1993年开始把照明节能提到了能源、环境与经济协调发展的战略高度，放在资源节约工作的优先位置，并于1994年开始组织制定中国绿色照明工程计划，于1996年正式制定了《中国绿色照明工程实施方案》并着手组织试点和实施。

实施绿色照明的宗旨是要在我国推广高效照明器具，节约照明用电，建立优质高效、经济、舒适、安全可靠、有益环境和改善人们生活质量、提高工作效率、保护人民身心健康的照明环境，减少环境污染。

建筑环保新理念

六、给建筑创造良好的声环境

远离噪声的规划

在绿色低碳住宅规划的过程中，应充分考虑噪声对居民的影响因素，使小区远离街区和繁华的道路，远离噪声污染严重的工厂厂区等。根据城市总体规划，按噪声等级合理分区，尽量使住宅区远离噪声源和高噪声区，避免邻近交通干线（包括机场和航线、铁路线等）穿行居住区。

噪音隔断

在规划设计绿色低碳住宅小区时要对环境噪声和住宅声环境进行预测，对噪声干扰进行预评价，考虑防噪措施，并作为住宅区建设项目可行性研究的一个方面，列为必要的基建程序，作为建设项目报批的内容之一。在住宅建成后，环境噪声是否达到标准，应作为验收的一个项目。

某些噪声是无法避免的，可以通过建筑物之间的合理搭配来减小噪声的污染程度，如将不怕噪声的建筑物如商店、库房、车库、活动设施等置于近噪声一侧，作为阻隔噪声的屏障。

降低声源噪声辐射

降低声源噪声辐射是控制噪声根本和有效的措施。如交通工具、公共设施、生活设备等均采用低噪声产品，从声源上避免噪声的产生。如北京LG大厦结构施工中，为了将噪声的不良影响降到最低，混凝土输送泵布置在离居民区及国泰饭店较远的建筑外大街一侧，并且在输送泵的外围搭设阻隔噪声的棚子。

噪声污染生态工程防护措施

充分利用生态工程绿化带对城市噪声的衰减、遮挡、吸收作用，将城市噪声控制在不适于影响人类生产和生活的范围内。

生态工程绿化带对噪声的削减作用取决于声源的形式、植物和气候条件。此外声源的强度、风速、风向、湿度、温度等也会对噪声的消减产生一定的影响。绿化植物的种类、植物的分枝高度、植株的密度，搭配方式，常绿还是落叶也是影响噪声防护的因素。

另一个方法是设置声屏障。专为降噪设置的声屏障，过去一直因为经济因素（投资高和资金来源困难）未能在我国采用。近年来，随着我国经济水平的提高，由于高等级公路本身投资巨大和全社会环境意识日益增强，声屏障开始在我国被试点应用，且大有扩展的势头。但根据我国目前的情况，对于声屏障必须慎用，因为声屏障毕竟是耗资很大的，而降噪效果又是有限和有条件的。声屏障的降噪效果与道路高度、宽度和车道数、声屏障的位置和高度、路边住宅的距离和高度等因素有关，3米高的屏障对路边的高层住宅是没有什么降噪效果的。设置声屏障必须认真做好可行性研究和实际降噪效果预测工作。当前迫切需要制定有关标准，以规范声屏障降噪效果的测试和评价，并进而规范声屏障的设计。

强吸声尖劈系统

七、低碳建筑的环境绿化

低碳建筑环境绿化可分为大环境绿化和小环境绿化两大类。前者包括居住小区绿地、居住区绿地，再到范围更大的城市区域绿地、城市绿地系统，甚至整个生物圈。后者主要是针对建筑单体楼前楼后的绿化。

原有植被的保护与利用

绿色植物与低碳建筑有着非常密切的关系。而原生植被处在地带性植被阶段，是最稳定的，因此能最大限度地发挥良好的生态、经济及社会效益。长势良好的原有植被是名副其实的"原住民"，保留它们合情合理。

另外，在各地漫长的植物栽培和应用观赏历程中，其容易与当地的文化融为一体，形成具有地方特色的植物景观。甚至有些植物材料逐渐演化为一个国家或地区的象征，与当地建筑一同创造了独具地方特色的城市。

城市区域环境绿化

众所周知，绿地是改善城市环境质量最经济、有效的方法。单纯从生态学角度来看，城市内部及其周边的绿地越多，生态效应发挥越好。然而，除了自然规律外，我们还要考虑经济规律和社会发展条件。良好的城市区域生

宝贵的城市绿地

态环境是实现低碳建筑的基础和保证。

　　研究表明，在插入城市中的绿地与该城市夏季主导风向一致的情况下，可将城市周边的新鲜凉爽的空气随风引入城市中心地区，为炎夏的城市通风降温；而冬季，在垂直冬季寒风的方向种植防风林带，可改善城市气候，起到为城市保暖的作用。通过对城市大气候环境的保护和改善，可以使城市冬暖夏凉，从而降低建筑能耗。

　　城市热岛的结果之一是使热岛部位的热空气上升，四周的冷空气从下面补充，形成热岛环流，污染物向城市中心聚集。如果四周是产生清洁空气的绿地，那么人们就可以利用热岛环流改善城市空气质量。

植被减噪

热岛环流在低空造成的污染向市中心集中的现象提示我们：将城市或城市组团的面积划小，组团间用绿带隔离，可以减小市区空气污染的集中程度；城市组团中心布局大型"绿心"，可以分散市区空气污染的沉积范围。

　　此外，组团内部仍然需要布置一些绿地作为通风、排气的生态廊道，提供美化街景、遮荫避暑等服务功能，满足居民文化休憩活动的需要，并适当调节城市热岛效应与理想的城市绿地的布局模式，最好能呈"绿网+绿心"格局。

节约能源的理想种植设计

　　现在树木的种植常出于纯粹的美学目的，而节约能源的种植则是将能源节省功能放在首位，然后再考虑美学等其他价值。我们的祖先很早以前就知道，栽植树木可使居住环境冬暖夏凉。住宅中大约有50%的能源消耗是用于室内的取暖和制冷。宾夕法尼亚州的一个研究表明，为活动住房遮

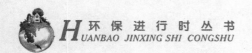
荫的树木使制冷的成本降低75%。

种植树木阻挡阳光或寒风是使用能量制冷以及取暖之前必须了解的。制冷季节（夏季）树木的荫蔽可以带给室内舒适的感觉。通过阻挡照射到墙壁以及屋顶的阳光，树木可以防止房屋加热至超过周围环境的温度，或者一个特定区域的一般的空气温度。另外，树木的树荫可以防止周围环境吸收太阳热量。当阳光照射在房屋附近的地面以及道路上时，地面作为一个热量沉积的场所或者热量存储区域，在下午以及夜晚，将太阳能辐射转化为热能进行释放。而在取暖季节（冬季），可以通过植物遮挡寒风节约取暖能源。

制冷季节，东面、西面的植物遮挡阳光，南面的屋顶挑檐、门廊或植物（冬季落叶）将大量的太阳辐射热阻挡在外。取暖季节，北面的常绿乔木和灌木阻挡了凛冽的寒风。由于太阳高度角低，南面的挑檐、门廊等不会阻挡太阳光的照射，落叶及距离建筑足够远的植物不会阻碍建筑物对太阳光照热量的获取。

具体措施如下：

1. 寒冷地区的植物布置

在较冷的地区，冬季漫长而寒冷，夏季短暂而温和，树木的种植应当使其在冬季不会阻碍热量的吸取。由于较冷地区的房屋仅能在南面部分接收冬季的日光，树木的种植在秋、冬季以及春季不应阻碍较低太阳角度的阳光照射。在冬季，房屋需要阳光来补充热量。房屋的屋檐悬挑就为控制夏季不必要的热量获取提供了最佳解决方案。如果使用树木来控制热量获取，它们应当种植在房屋西侧，来阻挡下午的阳光。种植在西边的树木可以是落叶植

室内绿化与植物摆放

物，或者是常绿树。当取暖季节开始时，太阳的路径使日光主要照射在房屋的南面。如果树木种植在房屋的南面，它们应当距离房屋足够远，不会阻挡冬季的日光，或者靠近房屋，使树枝可以修剪，以使取暖的季节让阳光照射入房屋。

2. 干热气候中的树木栽植

在炎热干旱气候中的种植以及房屋的设计目标应当包括在制冷的季节阻止热量的获取，而在取暖的季节允许建筑南面获得冬季的阳光。由于房屋制冷比加热要困难一些，这就使荫蔽成为需要。可以通过在制冷的季节使阳光避免照射房屋的东面、西面和南面来保持和减少

乔木

房屋内热量获取。在这种气候中，热量的传导是导致内部空间变热的主要因素。树木应当种植在房屋的东面、西面以及北面来阻止制冷季节的热量获取。房屋本身的设计也应当阻止这些地区的热量获取。较厚的砖石墙本身可以阻挡热量，这样的构造可以通过墙壁来防止白天的热对流。房屋的南面、东面和西面应当通过屋顶悬挑、遮阳篷、凉亭，或者乔木来加以保护。这些结构都可以防止房屋在制冷的季节被阳光照射过热，而在取暖的季节允许较多的热量获取。

3. 湿热气候中的树木栽植

在湿热的气候中，树木种植以及房屋的设计目标应当包括：在制冷的季节阻止热量的获取，而在取暖的季节允许房屋的南面获得冬季的阳光。就像在气候炎热干旱的地带，气候中热量的传导是使内部空间变热的主要因素，如果不允许热量进入室内空间，房屋就不会加热到超过周围环境温度的程度，这种地带的冬季短暂而温和，夏季漫长而炎热，基本上它是炎

热的气候地带，是制冷的能源消耗为每年的取暖和制冷总成本的2/3的气候地带，在这个气候地带，人们更需要荫蔽。由于太阳热量进入房屋主要是通过穿透窗户传递，如果阳光不会照射到建筑物，就不会有过多的热量传送或者传导进入房屋。栽种时要使树枝和树干不会阻挡冬季的低角度阳光。落叶树树枝的结构会阻挡冬季大约50%~80%的阳光照射。

4．树木布局与通风

房间周围树木的布置位置往往可能在一定程度引导风的吹向，行列数的布置方式就有利于建筑物的自然通风。但是，如果在房屋的三面都围以树木，则房屋的通风效果便会大受影响。

当在沿房屋的长向迎风一侧种植树木时，如果树木在房屋的两端向外延伸，则可加强房间内的通风效果。当在沿房屋长向的窗前种植树木时，如果树丛把窗的檐口挡住，则往往将吹进房内的风引向顶棚；但如果树丛离开外墙一定距离时，则吹来的风有可能大部分或全部越过窗户而从屋顶穿过房子。当在迎风一侧的窗前种植一排低于窗台的灌木时，则当灌木与窗的间距在4.5~6米以内时，往往可使吹进窗去的风的角度向下倾斜，从而有利于促进房间的通风效果。

八、建筑的立体绿化

屋顶绿化

屋顶花园能美化环境，为人们提供寻幽觅趣、游憩健身之所。对于一个城市来说，绿化屋顶就是一台自然空调，它可以保证特定范围内居住环境的生态平衡

阶梯式屋顶绿化

屋顶花园

与良好的生活意境。实验证明，绿化屋顶夏季可降温．冬季可保暖。始终保持20℃～30℃之间的舒适环境，对居住者身体健康大有裨益。据测试，只要市中心建筑物上植被覆盖率增加10%，就能在夏季最炎热的时候将白天的温度降低2℃～3℃，并能够降低污染。屋顶花园还是建筑构造层的"护花使者"。一般经过绿化的屋顶，不但可调节夏、冬两季的极端温度，还可保护建筑物本身的基本构件，防止建筑物产生裂纹，延长使用寿命。同时，屋顶花园还有储存降水的功用，对减轻城市排水系统压力，减少污水处理费用都能起到良好的缓解作用。回归自然有效的生态面积，规划完善的良性生态循环，屋顶花园不但为鸟类、蜜蜂、蝴蝶找到新的生存空间，而且也为濒危植物栽种，减少人为干涉提供了自由生长的家园。

在进行屋顶绿化时应根据屋顶绿化条件的特殊性，针对具体情况采取如下一些相应的技术措施。

（1）首先要解决积水和渗漏水问题。防水排水是屋顶绿化的关键，故在设计时应按屋面结构设计多道防水设施，做好防排水构造的系统处理。

各种植物的根系均具有很强的穿刺能力，为防止屋面渗漏，应先在屋面铺设1～2道耐水、耐腐蚀、耐霉烂的卷材（如沥青防水卷材、合成高分子防水材料等）或涂料（如聚氨酯防水材料）作柔性防水层，其上再铺一道具有足够耐根系穿透功能的聚乙烯土工膜、聚氯乙烯卷材、聚烯烃卷材等作为耐根系穿透防水层。防水层施工完成之后，应进行24小时蓄水检验，经检验无渗漏后，在其上再铺设排水层。排水层可用塑料排水板、橡胶排水板、PVC排水管、陶粒、绿保石等。在排水层上放置隔离层，其目的是将种植层中因下雨或浇水后多余的水及时过滤后排出去，以防植物烂根，同时也可将种植层介质保留下来以免流失。隔离层可采用每平方米不低于250g的聚酯纤维土工布或无纺布。最后，才在隔离层上铺置种植层。在屋面四周应当砌筑挡墙，挡墙下部留置泄水孔。泄水口应与落水口连通，形成双层防水和排水系统，以便及时排除屋面积水。

（2）合理选择种植土壤。种植层的土壤必须具有密度小、重量轻、疏松透气、保水保肥、适宜植物生长和清洁环保等性能。显然一般土壤很难达到这些要求，因此屋顶绿化一般采用各类介质来配置人工土壤。

观叶类植物

栽培介质的重量不仅影响种植层厚度与植物材料的选择，而且直接关系到建筑物的安全。如果使用密度小的栽培介质，种植层可以设计厚些，选择的植物也可相应广些。从安全方面讲，栽培介质的密度不仅要了解材料的干密度，更要了解测定材料吸足水后的湿密度，以便作为考虑屋面设计负荷的依据。为了兼顾种植土层既有较大的持水量，又有较好的排水透气性，除了要注意材料本身的吸水性能外，还要考虑材料粒径的大小。一般大于2毫米以上的粒子应占总量的70%以上，小于0.5毫米的粒子不能超过5%，做到大小粒径介质的合理搭配。

目前一般选用泥炭、腐叶土、发酵过的醋渣、绿保石、蛭石、珍珠岩、聚苯乙烯珠粒等材料，按一定的比例配制而成。其中泥炭、腐叶土、醋渣为植物生长提供有机质、腐殖酸和缓效肥；绿保石、蛭石、珍珠岩、聚苯乙烯珠粒可以减少种植介质的堆积密度，有利于保水、透气，预防植物烂根，促进植物生长；还能补充植物生长所需的铁、镁、钾等元素，也是种植介质中pH值的缓冲剂和调节剂。

（3）屋顶绿化的形式应考虑房屋结构，把安全放在第一位。设计屋顶绿化时必须事前了解房屋结构，以平台允许承载重量（按每平方米计）

为依据。必须做到：平台允许承载重量＞一定厚度种植层最大湿重＋一定厚度的排水物质重量＋植物重量＋其他物质重量（建筑小品等）。应根据平台屋顶承重能力设计不同功能的屋顶绿化形式。

屋顶绿化应以绿色植物为主体，尽量少用建筑小品，后者选用材料也应选用轻型材质（如GRC塑石假山、PC仿木制品等）。树槽、花坛等重物设置在承重墙或承重柱上。

屋顶绿化规划设计图

（4）植物的生长习性都要适合屋顶环境。屋顶花园的造园优势是基于屋顶花园高于周围地面而形成的。高于地面几米甚至几十米的屋顶，气流通畅清新，污染减少，空气浊度比地面低；与城市中靠近地面状态相比，屋顶上光照强，接受太阳辐射较多，为植物进行光合作用创造了良好的环境，有利于植物的生长。

屋顶绿化选用植物应以阳性喜光、耐寒、抗旱、抗风力强、植株矮、根系浅的植物为主（如佛甲草、葡萄、木香、合欢、紫薇、红叶李、夹竹桃、丝兰、月季、迎春、黄馨、菊花、半支莲等）；高大的乔木根系深，树冠大，而屋顶上的风力大，土层薄，容易被风吹倒。如若加厚土层，则会增加屋面承重。乔木发达的根系往往还会深扎防水层而造成纹渗漏。

在植物类型上应以草坪、花卉为主，可以穿插点缀一些花灌木、小乔木。各类草坪、花卉、树木所占比例应在70%以

屋顶绿化

上。平台屋顶绿化使用的各类植物类型的数量变化一般应按如下顺序：草坪、花卉和地被植物、灌木、藤本植物、乔木。

通常用于屋顶绿化的植物主要有以下几类：

1. 草本花卉

如天竺葵、球根秋海棠、风信子、郁金香、金盏菊、石竹、一串红、旱金莲、凤仙花、鸡冠花、大丽花、金鱼草、雏菊、羽衣甘蓝、翠菊、千日红、含羞草、紫茉莉、虞美人、美人蕉、萱草、鸢尾、芍药、葱兰等。

2. 草坪与地被植物

如天鹅绒草、酢浆草、虎耳草等。

3. 灌木和小乔木

如红枫、小檗、南天竹、紫薇、木槿、贴梗海棠、腊梅、月季、玫瑰、山茶、桂花、牡丹、结香、八角金盘、金钟花、栀子、金丝桃、八仙花、迎春花、棣棠、石榴、六月雪、荚迷等。

4. 藤本植物

如洋常春藤、茑萝、牵牛花、紫藤、木香、凌霄、蔓蔷薇、金银花、常绿油麻藤等。

5. 果树和蔬菜

如矮化苹果、金橘、葡萄、猕猴桃、草莓、黄瓜、丝瓜、扁豆、番茄、青椒、香葱等。

屋顶绿化是提高城市绿化率的有效途径之一。做好屋顶绿化的关键在于屋面防水及排水系统的设计与施工中各环节的质量控制，只有高度重视并在技术上保障屋顶绿化的防水、排水工程，才能有效地确保屋顶绿化的顺利进行。

墙面绿化

墙面绿化是泛指用攀缘植物装饰建筑物外墙和各种围墙的一种立体绿化形式。墙面绿化对建筑外墙进行垂直绿化，对美化立面、增加绿地面积和形成良好的生态环境有重大意义。此种垂直绿化主要应用在东西墙面，是防止"晨晒"和"西晒"的一种有效方法。它能够更有效地利用植物的遮阳和蒸腾作用，缓和阳光对建筑的直射，间接地对室内空间降温隔热起到降低房间热负荷的作用，并且降低墙体对周边环境的热辐射。

墙面绿化还可以按照人们的意图，为建筑物的立面进行遮挡和美化，同时可以减低墙面对噪声的反射，吸附灰尘，减少尘埃进入室内。如果栽种爬山虎、地锦等有吸附能力的植物，不需任何支架就可以绿化6层楼高的墙面。小区内采用垂直绿化，不仅可以成为城市小区的重要景观，而且具有良好的生态效应。

墙面绿化设施形式应结合建筑物的用途、结构特点、造型、色彩等设计，同时还要考虑地区特点和小气候条件。常用绿化设施有以下三种形式：

1. 墙顶种植槽

墙顶种植槽是指在墙顶部设置种植槽，即把种植槽砌筑在顶墙上。这种形式的种植槽一般较窄，浇水施肥不方便，适用于围墙。

2. 墙面花斗

墙面花斗是指设置在建筑物或围墙的墙身立面的种植池。它一般是在建筑施工时预先埋设的。在设计时最好能预先埋设供肥水装置，或在楼层内留有花斗灌肥水口，底部设置排水孔。花斗的形式、尺寸可视墙面的立面形式、栽植的植物种类等因素来确定。

3. 墙基种植槽

墙基种植槽是指在建筑物或围墙的基部利用边角土地砌筑的种植槽。有时候也可以把种植槽和建筑物或围墙作为整体来设计，这样效果更好，墙基种植槽的设计可视具体条件而定。一般种植槽应尽量做在土壤层上，如有人行道板或水泥路面时，应当使种植槽的深度大于45毫米。过低、过窄的种植槽不仅存土量少，且易引起植物脱水，对植物生长不利。

另外，在砌筑种植槽时，不妨每10～20米留有伸缩缝和沉降缝。这样既可以避免由于种植槽热胀冷缩而产生裂缝，还可避免因基础的沉降而造成的种植槽破损。种植槽立面的设计应高低错落，因单一的条状设计在施工中易造成种植槽的弯曲，而且高低错落的设计还可以防止行人在种植槽上行走，从而减少破坏。在种植槽边缘设置小尺度的栏杆，也可以起到保护花草、树木及种植槽的作用，但栏杆的图案应简洁，色彩要与种植槽及植物色彩相协调，不能喧宾夺主。

对于墙面绿化植物的选择，必须考虑不同习性的攀缘植物对环境条件的不同需要，并根据攀缘植物的观赏效果和功能要求进行设计。在设计时应注意以下方面：

1．应根据不同种类攀缘植物本身特有的习性加以选择

某住宅楼的墙面绿化效果图

(1)缠绕类：适用于栏杆、棚架等，如紫藤、金银花、菜豆、牵牛等。

(2)攀缘类：适用于篱墙、棚架和垂挂等，如葡萄、丝瓜、葫芦等。

(3)钩刺类：适用于栏杆、篱墙和棚架等，如蔷薇、爬蔓月季、木香等。

(4)攀附类：适用于墙面等，如爬山虎、扶芳藤、常春藤等。

2．应根据种植地的朝向选择攀缘植物

东南向的墙面或构筑物前应种植以喜阳的攀缘植物为主；北向墙面或构筑物前，应栽植耐阴或半耐阴的攀缘植物；在高大建筑物北面或高大乔木下面等，遮荫程度较大的地方种植攀缘植物也应在耐阴种类中选择。

3．应根据墙面或构筑物的高度来选择攀缘植物

(1)高度在2米以上可种植：爬蔓月季、扶芳藤、铁线莲、常春藤、牵牛、茑萝、菜豆、猕猴桃等。

(2)高度在5米左右可种植葡萄、葫芦、紫藤、丝瓜、瓜篓、金银花、木香等。

(3)高度在5米以上可种植：中国地锦、美国地锦、美国凌霄、山葡

萄等。

（4）应尽量采用地栽形式，并以种植带宽度50~100厘米，土层厚50厘米，根系距墙15厘米，株距50~100厘米为宜。容器（种植槽或盆）栽植时，高度应为60厘米，宽度为50厘米，株距为2米。容器底部应有排水孔。

除此之外，设计师还在不断探索新型的墙面绿化形式。例如，重庆大学周铁军等人设计的重庆天奇花园建筑，其西墙上的绿化没有采用直接在墙上设置攀缘植物的做法，而是距墙30厘米做一片构架，植物垂吊在构架上，这样，在构架与墙体间的空气层，可加强西墙的散热，避免了直接在墙上设置攀缘植物而减弱墙体自身散热的弊病。

窗台、阳台绿化

较之作为"第五立面"的屋顶，阳台、窗台面积虽小，在人们的日常生活中却充当更为重要的角色，使用频率非常高，和人们也更为接近。若能用植物装点阳台、窗台，借助于阳台、窗台的狭小空间创造"迷你花园"，人们足不出户即可欣赏翠绿的植物、艳丽的花朵、金黄的果实，就好像把花园搬进了家中，又好像在阳台、窗前安装了空气清新器和消声除尘器，对缓解工作和学习带来的压力、安定情绪、减少疾病等有很大作用，对人们的身心健康是极为有益的。

阳台、窗台绿化对美化环境起很大的作用，但是阳台、窗台的空间一般都有限，而且处于砖石或混凝土的墙壁、板块等硬质材料之间。夏秋季节，阳台具有光照强烈、建筑材料吸收辐射热多以及蒸发量大等特点。冬季则风大．寒冷。除此之外，种植箱（槽）或花盆内的土壤还具有相对较浅及脱离地面等特点。因此，阳台、窗台绿化的植物应选择抗旱、抗风、耐寒、水平根系发达的浅根性植物，并且要求生长健壮，植株较小。阳台、窗台绿化的植物以常绿花灌木或者草本植物为佳，也常用攀缘或蔓生植物，一般可进行如下选择：

1．一两年生草本植物

这类植物包括：紫葱、翠菊、金鱼草、福禄考、金盏菊、凤仙花、牵牛、半支莲、香豌豆、百日草、千日红、三色堇、小白菊、剪秋萝等。还有落葵、扁豆、丝瓜，既可美化环境，又可供食用。

2. 多年生宿根花卉

这类植物包括：秋水仙、铃兰、鸢尾、雏菊、旱金莲、菊花、彩叶草、含羞草、芍药、文竹、万年青、一叶兰、吊兰、君子兰、瓜叶菊、美人蕉、天竺葵、美女樱等。

3. 木本植物

这类植物包括：叶子花、黄蝉、五色梅、槟榔、苏铁、龟背竹、棕竹、迎春、扶桑、橡皮树、南天竹、栀子、含笑、杜鹃、茶花、石榴、月季、地锦、凌霄、常春藤和葡萄等。

阳台、窗台的朝向与光照条件对植物的选择至关重要。朝东或朝南的阳台和窗台，光照充足，通风较好，对植物的生长较为有利，植物的选择余地较大，观叶、观花、观果均可，适宜选用的植物有五针松、罗汉松、迎春、月季、茶花、含笑、君子兰、杜鹃、金橘、石榴、兰花和茉莉等。其他朝向的阳台、窗台光照条件较差，用植物布置需扬长避短、因地制宜。如西向的阳台、窗台可用活动花屏或于种植槽内栽植攀缘植物，形成屏障，以遮挡夏季西晒；朝北的阳台则可选用一些耐阴的植物，如苏铁、文竹、南天竹、槟榔、棕竹、龟背竹、橡皮树以及常春藤、蕨类植物等。

另外. 室内绿化通过改善室内微环境、创造良好艺术效果等功效，可以很好地发挥增加居住环境舒适性的作用。

建筑体绿化能取得良好的节能效果。1995年竣工的阿库劳斯是一座造型奇特的高层建筑，远远看上去形似金字塔，14层高的大厦南侧外墙设计成了阶梯状收进。一层层平台填入无机质、人工轻质土壤，种了近百种、约3.5万株植物，构成了一座空中阶梯花园。盛夏白天，阿库劳斯大厦绿化部分的外墙表面温度与水泥外露部分相比最多可降低20℃，且由于植物和土壤具有隔热效果，热量几乎传不到屋顶下面的房间。阶梯花园和阶梯花园下面的办公室温度随着时间早晚的变化而变化。有了阶梯花园，办公室内部温度受外面温度变化的影响很小。

第四章

低碳建筑的灵魂——
低碳建材

一、低碳建筑离不开低碳建材

　　低碳，是指气体排放中含有的二氧化碳成分较低，现引申为一种行为模式。低碳的可操作性就在于我们可以用"碳"作为度量单位衡量能耗的程度。各行各业有标可循低碳便切实可行。低碳建筑和低碳的建材产品必须有机结合、二者相辅相成才能成就真正意义上的低碳。一方面，只有采用了有效的低碳建材和设备，如可循环利用的太阳能系统、高效供暖系统，新风系统等，建筑才能成为低碳建筑。反之，也只有对低碳建筑统一规划、合理设计，才能使整个建筑系统运行有序，各部密切配合，使得每一个部件能够充分发挥节能优势，以达到真正意义上的"低碳"。

　　低碳建材，指健康型、环保型、安全低排放型的建筑材料，也称为"健康建材"或"环保建材"，绿色建材不是指单独的建材产品，而是对建材"健康、环保、安全"品性的评价。面对节能减排重重压力，身处低碳发展浪潮中的建材行业该如何突破困境，如何走出一条绿色环保、低碳少污

低碳建筑离不开低碳建材

的可持续发展之路呢？这些问题常常出现在人们谈论的话题中，毫无疑问，低碳建材就是低能耗、低排放、低污染、追求绿色的建材产业发展模式，也是众多厂家所向往的，国际上普遍公认的减碳经济产业体系包括低碳产品、低碳技术、建筑节能、工业节能和循环经济以及环保设备等等，其实我们可以借鉴他们的成功经验，以将我们想要的低碳环保建材进行到底。然而为了实现可持续发展，为了给人们打造出真正的低碳建筑，建材

产业也必须走一条低碳发展之路。进入21世纪之后，在社会各领域均一直在倡导低碳、环保、节能。在家居装修领域，同样一直提倡环保、节能、无污染装修理念。如今一直倡导的节能低碳环保建材已经形成了一股重要力量并将促进建材工业大转型。

建材与化工的关系密不可分，建材行业作为涂料、塑料异型材、阻燃剂、保温材料、防水材料等一系列化工产品重要的应用领域，两者唇齿相依的关系正在日益深化，相互渗透、融合的范围也在快速延展。"十二五"期间，以节能环保等理念为主导的新型化学建材将大行其道。专家认为，化工行业必须顺应这一潮流，为低碳环保建材产业的发展提供支撑，同时在不断扩大的建材新需求、新领域中获得更大的施展空间。

家居环境也要践行低碳理念

日前从中国建筑材料联合会了解到，2010年，建材工业销售产值(现价)为3.6万亿元，同比增长33.37%。其中，水泥制造业实现产值7475万元，同比增长25.9%；玻璃及制品业实现产值为4972.73亿元，增长35.91%。总体来讲，在宏观经济向好趋势的带动下，尤其是去年中央抓住当前农村建房快速增长和建筑材料供给充裕的时机，采取有效措施推动建材下乡，建材工业生产及主要产品产量较快增长，出口额超过金融危机爆发前的水平，销售收入增幅较大，经济效益稳步提升。在各种利好因素的带动下，作为建材行业上游的化工业内的纯碱、石膏块等传统产品搭上了建材行业这个高速扩张的快车。

"十二五"期间，建材行业对上游化工产品的市场需求不仅体现在数量上，还将更加强调产品升级和多元化。据装饰E站通行业数据显示，目前；工业和信息化部已经明确了建材行业"十二五"规划的总体思路，建材行业将着力推进产品深加工，积极发展节能环保新型建材，支持企业以质量、品种等为重点，进行技术改造升级。工信部原材料司相关负责人表示，我国建材工业发展的重大转型期已经到来，具体体现在：从传统产业到新兴产业发展的转变、从分散发展到集中发展的转变、从材料制造到制品制造的转变、从高碳生产方式到低碳生产方式的转变、从低端制造到高端制造的转变等。

涂料是建筑的外衣，据了解，2010年国内建筑涂料总产量是351.9万吨，占涂料总产量的36.4%。"十二五"期间，建筑涂料的应用将不再仅仅体现在简单的装饰防护上，而是会更加凸显出功能性。有业内人士认为，涂料生产商应从以下几个方面来提升我国建筑

建材生产线要实现低碳化

涂料的品质：一是提高建筑涂料的性能，二是增加建筑涂料的功能，三是涂料装饰艺术化，四是最为重要的降低碳排放。徐京生也认为，防火涂料、防水涂料、粉末涂料等新型特种涂料在"十二五"期间将得到更大的市场空间。国际模具及五金塑胶产业供应商协会相关负责人表示，塑料建材已经成为家庭时尚元素的风向标，今后建材塑料将越来越受到消费者的青睐，可望成为新的消费热点和新的经济增长点。这位负责人认为，随着塑料建材的品种逐步系列化、配套化和标准化，以及环保节能的要求提高、推广应用的力度加大，各种塑料建材如塑料管、门窗、高分子防水材料、装饰装修材料、保温材料及其他塑料建材的需求将有较大幅度增加。

建设行业作为建材的使用者，我们更加关注建材是否适用和对建筑行业能够起到什么作用，对我们的产业升级能够发挥什么作用。生态建材在五个方面需要更加注重：一是要更加注重绿色生态，二是要更加注重创新，三是要更加注重实用性，四是要更加注重经济性，五是要更加注重安全性。

建
筑
环
保
新
理
念

　　我们国家还是一个发展中国家，还不富裕，人民群众虽然对生活水平正在提高要求，但是由于受经济基础、发展水平的限制还不能接受价格非常高的建筑材料产品。因此建材作为一个产品，我们更加注重怎么把这种建材变为建筑，怎么来使用这种建材，也就是说我们更加注重对建材结构性、体系性、系统化的应用。一种建筑材料本身性能非常好，作用、功能也非常好，但是如果价格非常昂贵，或者在施工过程中非常麻烦，又或者在施工过程中非常不稳定，不能够稳定地达到我们所需要的性能要求，可以说这种建材也不是一个成功的建材。

某企业新型墙体生产现场

我国新型建材工业是伴随着改革开放的不断深入而发展起来的，经过了几十年的发展，我国新型建材工业基本完成了从无到有的发展过程，在全国范围内也形成了一个新兴的行业。经济建设的迅速发展和人民生活水平的不断提高，给新型建材的发展提供了良好的机遇和广阔的市场。众所周知，新型墙体材料品种比较多，主要包括砖、块、板，如黏土空心砖、非黏土砖、建筑砌块、加气混凝土、轻质板材等等，但应用的数量比较少，只有促使各种新型材料因地制宜快速发展，才能改变墙体材料不合理的产品结构，达到节能、保护耕地、利用工业废渣的目的。我国之所以发展的缓慢，一个重要的原因之一就是对实心黏土砖限制使用的力度不够，缺乏具体措施保护土地资源，往往以毁坏土地为代价。制造黏土砖成本极低，使得任何一种新型墙体材料在价格上无法与之竞争。针对这一情况，我国建设部、农业部、国土资源部和国家建材局的墙材革新办公室积极指导各地大力开展墙材革新工作，结合各地实际情况，出台了多项墙改政策，有力地促进了新型墙体材料的发展。对于能源和耕地等资源人均占有量只有世界平均水平1/4的中国来说，国民经济和社会经济与资源生态环境协调发展显得更为重要和迫切。据统计，我国黏土砖仍占墙体材料总量的近80%，使得我国能耗高、毁田、污染等问题十分严重，每消耗22亿吨的黏土资源，制砖毁田约12万亩，耗能200万吨标煤，同时排放大量的粉尘和二氧化碳。因此发展新型建材及制品是社会进步和提高社会经济效益的重要一环。

低碳建材代表了建筑材料的未来发展方向，符合世界发展趋势和人类发展的需要。国家发展绿色建材产业将有助于环境保护、节约资源，有助于提高人类的居住环境水平。

作为建筑工程材料，低碳建材的主要发展方向应该是材料的无害化和更加节能，增加建材的部品损耗率，减少现场施工，打击假冒伪劣产品，提高优良绿色建材在工程中的使用率；对于化学建材，其有害物质含量应该越来越低直至为零，逐步减少化学建材的使用，增加木材的使用量；要将墙体作为一个系统来研究和应用，并与结构体系进行配套，避免出现单个材料的节能性能好，但在工程上使用后，由于配套措施不完善而对墙体的节能性能和使用性能产生影响。因此，应研制推广新型节能型墙体材料，提高建筑物的节能水平和墙体材料的工厂化生产比率。

 ## 二、低碳建材之有机节能墙体材料

1. 聚氨酯树脂泡沫塑料

聚氨酯树脂泡沫塑料简称PUF塑料，全称为聚氨基甲酸酯泡沫塑料。是以聚合物多元醇（聚醚或聚酯）和异氰酸酯为主体基料，在催化剂、稳定剂、发泡剂等助剂的作用下，经混合发泡反应而制成的各类软质、半硬

聚氨酯泡沫塑料

半软和硬质的聚氨酯泡沫塑料。聚氨酯泡沫塑料按所用原料的不同划分，有聚醚型和聚酯型两种；经发泡反应制成，又有软质及硬质之分。

软质聚氨酯树脂泡沫塑料的特点如下：具有多孔、质轻、无毒、相对不易变形、柔软、弹性好、抗撕力强、透气、防尘、不发霉、吸声等特性。

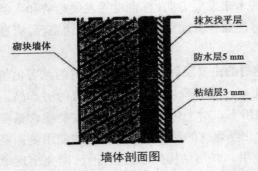

墙体剖面图

在绝热保温方面应用是以双组分聚氨酯树脂泡沫塑料为主。硬质聚氨酯树脂泡沫塑料目前仍然是固体材料中隔热性能最好的保温材料之一。其泡孔结构由无数个微小的闭孔组成，且微孔互不相通，因此该材料不吸水、不透水，带表皮的硬质聚氨酯树脂泡沫塑料的吸水率为零。该材料既保温又防水，宜广泛应用于屋顶和墙体保温，可代替传统的防水层和保温层，具有一材双用的功效。

在目前研制或发现的天然及合成保温材料中，聚氨酯树脂硬质泡沫塑料是保温性能最好的一种保温材料，其热导率一般在0.018-0.030W/(m/K)之间。这种保温材料既可以预成型，又可以现场喷涂成型；现场施工时发泡速度快，对基材附着力强，可连续施工，整体保温效果好，并且密度仅为0.03-0.06g/cm³。虽然聚氨酯树脂泡沫塑料单位成本较高，但由于其绝热性能优异，厚度薄，并且加以适当的保护，可使聚氨酯泡沫塑料使用15年以上而无须维修，因而用聚氨酯树脂泡沫塑料作保温材料的总费用较低。

用于墙体材料的聚氨酯树脂泡沫塑料，一般要求具有难燃性能，可在发泡配方中加入阻燃成分。聚氨酯树脂泡沫塑料从化学配方上区分可分为普通聚氨酯(PU)硬泡和聚异氰尿酸酯(PIR)泡沫两类。与普通硬质泡沫塑料相比，后者系采用过量的多异氰酸酯原料和三聚催化剂制得，具有优良的耐高温性能和阻燃性能。

2. 酚醛树脂泡沫塑料

酚醛树脂泡沫(PF)塑料，俗称"粉泡"。近年来，我国在酚醛树脂合成工艺和发泡技术上有了很大提高，逐步克服传统发泡必须在一定温度条件下才能发泡的不足，发展出室温可发泡的关键技术，也逐步克服了酚醛树脂泡沫塑料脆性、强度低，吸水率高，略有腐蚀性等物理性能上的缺点，在保持其原有优点的基础上，进行改性，生产不同物理性能指标的系列产品。在成型手段上，可用浇注机并配备机械连续式或间歇式成型，制成带有饰面的复合板材，不但能保证泡沫质量，而且能提高生产速度，降低生产成本，使酚醛树脂泡沫塑料应用领域逐渐拓宽。

新型节能墙体

用于生产酚醛泡沫塑料的树脂有两种：热塑性树脂及热固性树脂。由于热固性树脂工艺性能良好，可以连续生产酚醛泡沫塑料，制品性能较佳，故酚醛泡沫材料大多采用热固性树脂。酚醛树脂泡沫塑料的优点如下：

(1)绝热性。酚醛泡沫结构为独立的闭孔微小发泡体，由于气体相互隔离，减少了气体中的对流传热，有助于提高泡沫塑料的隔热能力，其热导率仅为0.022~0.045W/(m/K)，在所有无机及有机保温材料中是最低的。适用于作宾馆、公寓、医院等高级建筑物室内天花板衬里、房顶隔热板，节能效果极其明显。用在冷藏、冷库的保冷以及石油化工、热力工程等管道、热网和设备的保温上有无可争议的综合优势。

(2)耐化学侵蚀性。酚醛泡沫材料耐化学溶剂侵蚀性能优于其他泡沫塑料，除能被强碱腐蚀外，几乎能耐所有的无机酸、有机酸及盐类。在空调保温和建筑施工中可与任何水溶型、溶剂型胶类并用。

(3)吸声性能。酚醛泡沫材料的密度低，吸声系数在中、高频区仅次于玻璃棉，接近岩棉，而优于其他泡沫塑料。由于它具有质轻、防潮、不弯曲变形的特点，广泛用做隔墙、外墙复合板、吊顶天花板、客车夹层等，是一种很有前途的建筑和交通运输吸声材料。

(4)吸湿性。酚醛泡沫材料闭孔率大于97%，泡沫材料不吸水。在管道保温中无须担心因吸水而腐蚀管道，避免了以玻璃棉、岩棉为代表的无机材料存在的吸水率大、容易"结露"、施工时皮肤刺痒等问题。近几年在中央空调管道保冷中得到推广应用。

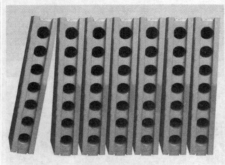

新型墙体侧面图

(5)抗老化性。已固化成型的酚醛泡沫材料长期暴露在阳光下，无明显老化现象，使用寿命明显长于其他泡沫材料，被用于抗老化的室外保温材料。

(6)阻燃性。酚醛树脂含有大量的苯酚环，它是良好的自由基吸收剂，在高温分解时断裂的$-CH_2-$形成的自由基能被这些活性官能团迅速吸收。检测表明，酚醛泡沫塑料无须加入任何阻燃剂，氧指数即可高达40%，属B1级难燃材料。添加无机填料的高密度酚醛泡沫塑料氧指数可达60%，按GB/T 8625-88标准规定阻燃等级为A1，因此在耐火板材中得到应用。

(7)抗火焰穿透性。酚醛树脂分子结构中碳原子比例高，泡沫塑料遇见火时表面能形成结构碳的石墨层，能有效地保护泡沫塑料的内部结构，在材料一侧着火燃烧时另一侧的温度不会升得较高，也不扩散，当停止施焰后火自动熄灭。当泡沫塑料接触火焰时，由于石墨层的存在，表面无滴落物、无卷曲、无熔化现象，燃烧时烟密度小于3%，几乎无烟。经测定酚醛泡沫塑料在1000℃火焰温度下，抗火焰能力可达120分钟。

根据其特点，酚醛树脂泡沫塑料广泛适用于防火保温要求较高的工业建筑，如屋面、地下室墙体的内保温、地下室的顶棚（绝热层位于楼板之下）、礼堂及扩音室隔声材料；石油化工过热管道、反应设备、输油管道与储存罐的保温隔热；飞机、舰船、机车车辆的防火保温等。根据不同的应用部位，采用不同的加工成型方法，可以制成酚醛泡沫塑料轻便板、酚醛树脂覆铝板、酚醛泡沫塑料—金属覆面复合板、酚醛泡沫塑料消声板及各种管材、板材等。

3. 聚苯乙烯泡沫塑料

聚苯乙烯(PS)泡沫塑料是以聚苯乙烯树脂为主体原料，加入发泡剂等辅助材料，经加热发泡制成。按生产配方及生产工艺的不同，可生产不同类型的聚苯乙烯泡沫塑料制品，目前常用的主要类型的产品有可发性聚苯乙烯树脂泡沫(EPS)塑料和挤塑性聚苯乙烯树脂泡沫(XPS)塑料两大类。由于近

泡沫塑料

年建筑工程的扩展和对建筑节能的要求，使PS泡沫塑料生产量大大增加，如今PS泡沫塑料已成为建筑节能中主要应用的一种保温材料。

聚苯乙烯泡沫塑料生产方法目前多以物理发泡为主，包括以下两种。

(1)挤出法XPS。

先将粒状PS树脂在挤出机中熔化，再将液体发泡剂用高压加料器注入挤出机的熔化段。经挤出螺杆转动搅拌，树脂与发泡剂均匀混合后挤出。在减压条件下，发泡剂气化，挤出物发泡膨胀而制得具有闭孔结构的硬质泡沫塑料，最后经缓慢冷却、切割，即可制成泡沫塑料成品。

(2)可发性PS粒料膨胀发泡法EPS。

可发性聚苯乙烯树脂泡沫塑料是在悬浮聚合聚苯乙烯珠粒中加入低沸点液体，在加温加压条件下，渗透到聚苯乙烯珠粒中使其溶胀，制成可发性聚苯乙烯珠粒，然后经过预发泡、熟化和发泡成型制成制品。

聚苯乙烯泡沫塑料重量轻，隔热性能好，隔声性能优，耐低温性能强。除此之外，还具有一定弹性、低吸水性和易加工等优点。

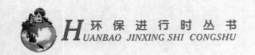
聚苯乙烯泡沫塑料耐久性好,在水中和土壤中的化学性质比较稳定,不能被微生物分解,也不能释放出对微生物有利的营养物质。聚苯乙烯泡沫塑料的空腔结构也使水的渗入极其缓慢。据挪威国家公路研究所的研究表明,将EPS在地下水位以下埋设9天后其最大吸水量仅为9%;此外,长时间受紫外线照射,聚苯乙烯泡沫塑料的表面会由白色变为黄色,而且材料在某种程度上呈现脆性;在大多数溶剂中聚苯乙烯泡沫塑料性质稳定,但在汽油或煤油中可溶解。

聚苯乙烯泡沫塑料隔热性能优良。首先,由于泡沫塑料泡孔中的气体不容易产生对流作用,而且气体又是热的不良导体,因而聚苯乙烯泡沫塑料具有优良的隔热性能,常用于民用建筑的墙体、屋顶保温层及道路工程中的隔温层,以满足严寒季节对建筑物的保温和道路防冻的要求。其次,聚苯乙烯泡沫塑料中存在大量的微小气孔,是一种工业和民用建筑中良好的吸声和装饰材料。

聚苯乙烯树脂泡沫塑料广泛应用于建筑物外墙外保温和屋面的隔热保温系统。近几年来,在诸多外墙保温的技术体系中,基于聚苯乙烯泡沫塑料板的外保温体系最受市场青睐。

三、低碳建材之无机节能墙体材料

1. 无机纤维建筑保温材料

(1)岩棉、矿渣棉及其制品。

岩棉是以精选的天然岩石如优质玄武岩、辉绿岩、安山岩等为基本原料,经高温熔融,采用高速离心设备或其他方法将高温熔体甩拉成的非连续性纤维。矿渣棉是以工业矿渣如高炉渣、磷矿渣、粉煤灰等为主要原料,经过重熔、纤维化而制成的一种无机质纤维。通过在以上棉纤维中加入一定量的黏结剂、防尘油、憎水剂等助剂可制成轻质保温材料制品,并可根据用途再加工成板、毡、管壳、粒状棉、保温带等系列制品。

矿渣棉和岩棉（统称矿岩棉）制品的特点是原料易得，可就地取材，再加上生产能耗少，成本低，可称为耐高温、价格低廉、长效优秀保温、隔热、吸声材料。这两类保温材料虽属同一类产品，有共性，但从两类纤维应用来比较，矿渣棉的最高使用温度为600℃～650℃，且纤维较短、较脆；而岩棉的最高使用温度可达820℃～870℃，且纤维长，化学耐久性和耐水性也较矿渣棉好。

岩棉墙体材料

◼ 面砖饰面

◆实例图　　　　◆示意图

面砖饰面层
YT保温层
基层墙体

面砖饰面层
YT保温层
基层墙体

无机节能墙体材料

（2）玻璃棉及其制品。

玻璃棉及其制品与矿岩棉及其制品一样，在工业发达国家是一种很普及的建筑保温材料，在建筑业中是一类较为常见的无机纤维绝热、吸声材料。它是以石英砂、白云石、蜡石等天然矿石，配以其他的化工原料（如纯碱、硼砂等）熔制成玻璃，在熔解状态下经拉制、吹制或甩制而成极细的絮状纤维材料。按其化学成分中碱金属等化合物的含量，可分为无碱玻璃棉、中碱玻璃棉和高碱玻璃棉；按其生产方法，可分为火焰法玻璃棉、离心喷吹法玻璃棉和蒸汽（或压缩空气）立吹法玻璃棉三种。现在世界各国多数采用离心喷吹法，其次是火焰法。在玻璃纤维中，加入一定量的胶黏剂和其他添加剂，经固化、切割、贴面等工序即可制成各种用途的玻璃棉制品。玻璃棉制品品种较多，主要有玻璃棉毡、玻璃棉板、玻璃棉带、玻璃棉毯和玻璃棉保温管等。由于建筑节能的需要，我国及世界各国对玻璃棉及其制品的需求都在不断增加。

玻璃棉在玻璃纤维的形态分类中属定长玻璃纤维，但纤维较短，一般在150毫米以下或更短。形态蓬松，类似棉絮，故又称短棉，是定长玻璃

纤维中用途最广泛、产量最大的一类。

玻璃棉制品中，玻璃棉毡、卷毡主要用于建筑物的隔热、隔声等；玻璃棉板主要用于仓库、隧道以及房屋建筑工程的保温、隔热、隔声等；玻璃棉管套主要用于通风、供热、供水、动力等设备管道的保温。玻璃棉制品的吸水性强，不宜露天存放，室外工程不宜在雨天施工，否则应采取防水措施。

2. 无机多孔状保温材料

无机多孔状绝热保温材料是指具有绝热保温性能的低密度颗粒状、粉末或短纤维状材料为基料制成的硬质或柔性绝热保温材料。这些材料主要包括膨胀珍珠岩及其制品、膨胀蛭石及其制品、微孔硅酸钙制品、泡沫玻璃制品、泡沫混凝土制品、泡沫石棉制品和其他应用较广的轻质保温制品。

外墙保温材料

该类保温材料的原料资源丰富，生产工艺相对容易掌握，产品价格低廉，加之近年来成型工艺的改进，产品质量、性能大大提高，不仅用于管道保温，也用于建筑领域的砌块、喷涂等节能保温工程，该类材料是我国目前建筑绝热保温主体材料之一。

(1)膨胀珍珠岩及其制品。

珍珠岩是火山喷发时在一定条件下形成的一种酸性玻璃质熔岩，属非金属矿物质，主要成分是火山玻璃，同时含少量透长石、石英等结晶质矿物。

膨胀珍珠岩是珍珠岩经人工粉碎、分级加工形成一定粒径的矿砂颗粒后，在瞬间高温下，矿砂内部结晶水汽化产生膨胀力，熔融状态下的珍珠岩矿砂颗粒瞬时膨胀，冷却后形成多孔轻质白色颗粒。其理化性能十分稳定，具有很好的绝热防火性能，是一种很好的无机轻质绝热材料，可广泛用于冶金、化工、制冷、建材、农业和医药、食品加工过滤等诸多行业。其中，在建筑工程应用中占60%，热力管道保温占30%，其他应用占10%。

膨胀珍珠岩具有较小的堆积密度和优良的绝热保温性能，化学稳定性好，吸湿性小，无毒、无味、不腐、不燃、吸声。具有微孔、高比表面积及吸附性，易与水泥砂浆等保护层结合。

在建筑业推广使用膨胀珍珠岩是实施节能的有效途径之一。在墙体外侧喷涂（外墙外保温）膨胀珍珠岩涂料层，可增强墙体的热稳定性，并可与装饰工序同步进行，也可成为彩色装饰涂层。在墙体外侧喷涂膨胀珍珠岩涂料层，是复合墙体构造方式中功能结构的一种，也是目前正在节能建筑中推广使用的一种方法。该产品与其他保温材料相比，明显的优势是价廉、成本低、施工速度快，是一种竞争力强的保温材料。

(2)膨胀蛭石及其制品。

蛭石是一种复杂的铁、镁含水硅铝酸盐类矿物，呈薄片状结构，由两层层状的硅氧骨架，通过氢氧镁石层或氢氧铝石层结合而形成双层硅氧四面体，"双层"之间有水分子层。高温加热时，"双层"间的水分变为蒸汽产生压力，使"双层"分离、膨胀。蛭石在150℃以下时，水蒸气由层间自由排出，但由于其压力不足，蛭石难以膨胀。温度高于150℃，特别是在850℃～1000℃时，因硅酸盐层间间距减小，水蒸气排出受限，层间水蒸气压力增高，从而导致蛭石剧烈膨胀，其颗粒单片体积能膨胀20多倍，许多颗粒的总体积膨胀5～7倍。膨胀后的蛭石，细薄的叠片构成许多间隔层，层间充满空气，因而具有很小的密度和热导率，使之成为一种良好的绝热、绝冷和吸声材料。膨胀蛭石的膨胀倍数及性能除与蛭石矿的水化程度、附着水含量有关外，还与原料的选矿、干燥、破碎方式、煅烧方法以及冷却措施有密切关

膨胀蛭石建材

环保进行时丛书
HUANBAO JINXING SHI CONGSHU

建
筑
环
保
新
理
念

系。

膨胀蛭石具有保温、隔热、吸声等特性，可以作为松散保温填料使用，也可与水泥、石膏等无机胶结料配制成膨胀蛭石保温干粉砂浆、混凝土及制品，广泛用于建筑、化工、冶金、电力等工程中。

膨胀蛭石砂浆、混凝土及其制品的保温性能与胶结料的用量、施工方法有密切关系，在使用中往往为了得到一定强度及施工的容易性，而忽视密度相应增加，保温效果降低。为此，经过试验研究，确定在膨胀蛭石与胶结料等的混合物中添加少量的高分子聚合物及其他外加剂，改善砂浆强度及施工的容易性，达到既能改善砂浆施工性能，又能在保证强度的前提下降低砂浆密度，减小热导率的目的。

(3)泡沫玻璃制品。

泡沫玻璃是以碎玻璃（磨细玻璃粉）及各种富含玻璃相的物质为主要原料，在高温下掺入少量能产生大量气泡的发泡剂（如闭孔用炭黑、开孔用碳酸钙），混合后装模，在高温下熔融发泡，再经冷却后形成具有封闭气孔或开气孔的泡沫玻璃制品，最后再经切割等工序制成壳、砖、块、板等。泡沫玻璃按其不同的工艺和基础原料，可分为普通泡沫玻璃、石英泡沫玻璃、熔岩泡沫玻璃等，也可生产多种彩色独立闭孔的保温隔热泡沫玻璃和通孔的吸声泡沫玻璃。由于这种无机绝热材料具有防潮、防火、防腐的作用，加之玻璃材料具有长期使用性能不劣化的优点，使其在绝热、深冷、地下、露天、易燃、易潮以及有化学侵蚀等苛刻环境下能广泛应用。而且，生产泡沫玻璃砖的原料可以由回收利用废玻璃得来，既降低了生产成本，增加了经济效益，又节约了自然资源，为城市垃圾的回收利用开辟了一条新途径。

由于泡沫玻璃独特的理化性能和良好的施工性能，可以作保温材料用于建筑节能；可以作吸声材料用于高架桥、会议室等减噪工程。由于泡沫玻璃强度高且防水隔湿，既可满足一

美观的玻璃墙体

定建筑抗压和环境需求，又保证了长期稳定的绝热效率。建筑保温隔热用泡沫玻璃，具有防火、防水、耐腐蚀、防蛀、无毒、不老化、强度高、尺寸稳定性好等特点，其化学成分99%以上是无机玻璃，是一种环境友好材料，不仅适合建筑外墙、地下室的保温，也适合屋面保温。

此外，在国外对泡沫玻璃的应用中，还有用泡沫玻璃作为轻质填充材料应用在市政建设上，用泡沫玻璃作为轻质混凝土骨料等技术，既可以提高各种建筑物外围护结构的隔热性能，又有利于环保。

(4)泡沫水泥制品。

泡沫水泥是在水泥浆体中加入发泡剂及水等经搅拌、成型、养护而成的一种多孔、质轻、绝热的混凝土材料。其结构性能和加气混凝土相似，但生产投资少，工艺简单，施工操作方便。在现浇混凝土建筑和装配式混凝土建筑中，需要大量轻质混凝土，泡沫混凝土就是一种理想的选择。

在目前应用中，通常将粉煤灰、矿粉等辅助胶凝材料与水泥按一定比例掺和后制成浆体，在达到使用要求的条件下，实现利废、节约材料成本和改善性能的目的。原材料组分主要包括：泡沫剂；胶凝材料，常用早强型硅酸盐水泥；干排粉煤灰；复合外加剂，具有减水和促凝功能。混合料制备方法是：用高速搅拌机制泡，将制成的泡沫置于搅拌机中，加入水泥和粉煤灰（外加剂已预混于其中），搅拌至均匀为止。

由于泡沫剂的使用，在高速制泡时将产生均匀分布的微细闭合气泡，制品的密度较低，一般在1000kg/m³以下，粉煤灰泡沫水泥为多孔轻质材料，含有的气孔数量多，气孔直径小，热导率低，比加气混凝土有更好的保温性能。

粉煤灰泡沫水泥密度低，热导率小，强度高，可用于生产轻质隔墙板、复合外墙板、现浇屋面保温层和楼面隔声板等。近年来，我国科研部门采用AC引发剂，在常温常压下即可生产出粉煤灰水泥发泡保温材料。

(5)泡沫石棉制品。

泡沫石棉是一种成本低廉、综合性能优异的轻质保温材料，其造价和隔热性能接近于轻质聚氨酯泡沫塑料，但其耐低温和耐高温性能(≤600℃)良好，是有机绝热材料无法比拟的，而且其生产过程属低能耗过程。

由于石棉具有致癌性，一般选择蛇纹石石棉做原料，生产工艺一般分为浸泡松解、打浆浇注、定型烘干、切割等工序。

研究结果表明，蛇纹石石棉经松解后已无致癌作用。因此，泡沫石棉在国内外工程建筑上的应用将越来越受到重视。据有关专利报道，在石棉分散液中加入一定量的玻璃丝或岩棉可以使产品效果更佳，其比例最高可达1:2。

(6)轻质保温砌块。

轻质保温砌块具有自重轻、施工快、保温效果好等特点。特别是利用粉煤灰等工业废渣生产的砌块，不但降低了生产成本，使废物得到有效利用，并且减少了对环境的污染。随着框架结构建筑的普遍采用，使其共同构成外保温复合夹芯墙体，轻质保温砌块的生产与应用得到迅猛发展。

外墙保温材料应用

四、低碳建材之复合节能墙体材料

1．GRC复合保温墙板

GRC（玻璃纤维增强水泥混凝土）的发展大体上可以分为三个阶段：第一阶段在20世纪50年代，采用中碱玻璃纤维(A玻璃纤维)或无碱玻璃纤维(E玻璃纤维)作为增强材料，胶结材料用的是硅酸盐水泥。硅酸盐水泥的水化产物对玻璃纤维有强烈的侵蚀作用，使玻璃纤维很快丧失了强度，GRC的耐久性很差，这是第一代GRC；第二阶段在20世纪70年代，采用含铬的耐碱玻璃纤维增强硅酸盐水泥，使基材强度有所提高，但GRC的抗弯

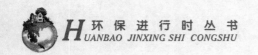

强度与韧性下降很多，强度保留率只有40%～60%，把这个阶段的耐碱玻璃纤维增强硅酸盐水泥的GRC称为第二代GRC；第三阶段在20世纪70年代中期，我国的科学技术人员成功地用耐碱玻璃纤维与硫铝酸盐型低碱度水泥匹配制备出GRC，其耐久性最好，抗弯强度的半衰期可超过100年，称为第三代GRC。通过不同的成型工艺，可将GRC制成各种板材。

GRC复合保温墙板是以GRC作面层，以保温材料作夹芯层，根据需要适当加肋的预制构件。它可分为外墙内保温板和外墙外保温板两类。将GRC复合保温墙板与承重材料进行复合，组成的复合墙体不但可以克服单一材料墙体热导率大、保温隔热性能差的缺点，而且还避免了墙体厚度过厚，实现建筑节能30%～50%。由于GRC复合保温墙板的夹芯层通常为聚苯乙烯泡沫塑料，其热导率低于0.05W/（m·K），为高效保温材料，使整个墙板的热导率较低，保温性能增强。

GRC应用效果图

(1)GRC外墙内保温板。

GRC外墙内保温板是以GRC作面层，以聚苯乙烯泡沫塑料板为芯层的夹芯式复合保温墙板。将该种板材置于外墙主体结构内侧的墙板称为GRC外墙内保温板。

经实践应用，60毫米厚板与200毫米厚混凝土外墙复合，达到节能50%的要求，保温效果优于620毫米厚的黏土墙。而且，GRC外墙外保温板重量轻、强度高、防水、防火性能好，具有较高的抗折与抗冲击性和很好的热工性能。

生产GRC外墙外保温板的生产

GRC保温板材

工艺有铺网抹浆法、喷射—真空脱水法和立模挂网振动浇注法等。

(2)GRC外墙外保温板。

将由玻璃纤维增强水泥(GRC)面层与高效保温材料复合而成的保温板材置于外墙主体结构外侧的墙板称为外墙外保温板，简称"GRC外保温板"。该板有单面板与双面板之分，将保温材料置于GRC槽形板内的是单面板，而将保温材料夹在上下两层GRC板中间的是双面板，由玻璃纤维增强水泥(GRC)面层与高效保温材料复合而成的外墙外保温板材目前尚无定型产品。GRC外墙外保温板所用原材料同GRC外墙内保温板，其生产工艺一般采用反打喷射成型或反打铺网抹浆工艺来制作GRC外保温板面向室外的板面。所谓反打成型工艺是指墙板的饰面朝下与模板表面接触的一种成型方法，其优点是墙板饰面的质量较高，也容易保证。

2．聚苯乙烯泡沫混凝土保温板

聚苯乙烯泡沫混凝土保温板是以颗粒状聚苯乙烯泡沫塑料、水泥、起泡剂和稳泡剂等材料经搅拌、成型、养护而制成的一种新型保温板材，它重量轻，保温隔热性能好，具有一定的强度，施工简单，适用于各类墙体的内保温或外保温、平屋面和坡屋面的保温层。

3．金属面夹芯板

金属面夹芯板是指上、下两层为金属薄板，芯材为有一定刚度的保温材料，如岩棉、硬质泡沫塑料等，在专用的自动化生产线上复合而成的具有承载力的结构板材。该类板材的特性突出表现为质轻、高强、绝热性能好、施工方便快速、可拆卸、可重复使用、耐久性好。夹芯复合板特别适用于空间结构和大跨度结构的建筑。

金属面夹芯板的金属面材采用彩色喷涂钢板、彩色喷涂镀锌钢板等金属板。一般彩色喷涂钢板是在其外表面为热固性聚酯树脂涂层，内表面(黏结侧)为热固性环氧树脂涂层，金属基材为热镀锌钢板。彩色涂层采用外表面两涂两烘、内表面—涂—烘工艺。

芯体保温材料有聚氨酯硬质泡沫塑料、聚苯乙烯泡沫塑料、岩棉板等，面材与芯材之间可用聚氨酯黏结剂、酚醛树脂黏结剂或其他适用的黏结剂黏合。

金属面夹芯板按面层材料分有镀锌钢板夹芯板、热镀锌彩钢夹芯板、电镀锌彩钢夹芯板、镀铝锌彩钢夹芯板和各种合金铝夹芯板等。按芯材材质分有金属泡沫塑料夹芯板（如金属聚氨酯夹芯板、金属聚苯夹芯板）、金属无机纤维夹芯板（如金属岩棉夹芯板、金属矿棉夹芯板、金属玻璃棉夹芯板）等。按建筑结构的使用部位分有层面板、墙板、隔墙板、吊顶板等。

金属面夹芯板是一种多功能建筑材料，除具有高强度、保温、隔热、隔声、装饰等性能外，更重要的是它的体积密度小，安装简捷，施工周期短，特别适合用做大跨度建筑的围护材料。其应用范围为无化学腐蚀的大型厂房、车库、仓库等，也可用于建造活动房屋、城镇公共设施房屋、房屋加层以及临时建筑等。金属复合板一般不用于住宅建筑，泡沫塑料夹芯板不用于防火要求较高的房屋。

金属面夹芯板

五、低碳建材之利废节能墙体材料

近年来，我国利废墙体材料产业取得了可喜的成绩，在新型墙体材料中，利用各种工业固体废弃物1.2亿吨，利用固体废弃物生产的新型墙体材料1300亿块。砖瓦企业掺加工业固体废弃物量在30%以上的约7000家。目前，黏土实心砖总量已呈下降趋势，空心制品每年以10%～30%的速度增长。

（一）变废为宝的煤矸石空心砖

煤矸石空心砖是综合利用煤矿废渣——煤矸石烧制的有贯穿孔洞、孔洞率大于15%的砖。煤矸石空心砖的性能与黏土砖相近，其中部分性能指标优于黏土多孔砖，试验表明，煤矸石空心砖具有良好的抗压强度以及较

好的保温性能。

1. 煤矸石空心砖对原料的要求

用煤矸石生产空心砖,对原料的化学成分、物理组成要求与生产普通砖时相近,因成型时在出口处装有刀架、芯头等,所以对泥料的粒度、塑性指数等要求相应提高,否则将影响制品的成型质量。

新型砖

2. 煤矸石空心砖的生产工艺

用煤矸石生产空心砖时,可根据原料性能的差别和建厂投资的不同选择不同的生产方式。投资额高时,选择机械化、自动化程度较高的生产工艺;投资额较低时,选择机械化、自动化程度较低但能满足制品质量要求的生产工艺。

以煤矸石为原料生产空心砖的生产工艺主要包括原料破碎、原料塑性及成型性能的调整和成型、人工干燥、烧成、成品检验等几个主要环节,只有每一环节正常运行,才能保证生产线的正常生产。

3. 产品规格及标号

煤矸石空心砖的标号有200、150、100、75,按建筑时孔洞的方向,可分为竖向和水平空心砖两种,其容重为1100~1450kg/m^3。

煤矸石空心砖型号分为两种:第一种是240×115×90毫米承重煤矸石多孔砖,孔洞率大于25%,折标准砖1.7块;第二种是240×190×115毫米、240×240×115毫米非承重煤矸石空心砖,孔洞率大于40%,分别折合标准砖3.6块、4.5块。

4. 性能及应用前景

黏土砖是一种保温、隔热性能差,而热惰性指标大的墙体材料。而轻质聚苯乙烯泡沫塑料是一种保温性能较好而热惰性极差的高效保温材料。由此可见,热阻值大、热惰性指标大在同一材料上几乎是矛盾的,不可同时兼得,而煤矸石空心砖却是热阻值大、热惰性指标也大,两者兼而有之的材料。显而易见,煤矸石空心砖热阻值大的热物理特性对节省建筑

建筑环保新理念

能耗是有利的，热惰性指标大的热物理性能可以提高墙体表面热稳定性，对改善室内热环境质量特别有利，同时提高了室内环境的舒适感。实践已证明，煤矸石空心砖不单是承重和围护用的建筑材料，重要的还是保温材料。这在当前我国经济水平尚不发达的条件下，是一种既可作承重又可作保温用的较为经济又实际的首选墙体材料。

利用煤矸石制造空心砖与同等规模年产6000万块黏土砖的砖厂进行对比，煤矸石空心砖比黏土砖节约土地3.34亩，少占地0.17亩，节约运费25万元，年节约煤炭6000万吨。煤矸石制砖每年消耗煤矸石16万吨，减少煤矸石自燃产生的有害气体395.2万立方米，避免了环境的污染。用空心砖砌墙可节约砂浆10%～15%，砌墙率提高30%～40%。

（二）农业废弃物绿色墙体材料

利用农业废弃物生产的墙体材料具有质轻、强度高、节能利废、保温隔热、防火等高性能和多功能，综合利用农业废弃物生产绿色高性能墙体材料可以变废为宝，保证资源、能源和环境协调发展，是我国发展绿色墙体材料的重要方向之一，有突出的材料性能和经济效益。市场上常见的包括稻草、稻壳类砖和板材、纸面草板、秸秆轻质保温砌块和麦秸均质板等。

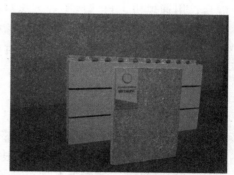

新型稻草板材的应用

1. 稻草、稻壳类砖和板材

稻壳内含有20%左右无定形硅石，可以提高墙体材料的防水性和耐久性，故经常被利用作为制墙体材料的原料。将稻壳灰与水泥、树脂等均匀混合后，再经快速压模制

稻草板材

成稻壳砖块，或者将其通过球磨机细磨后，与耐火黏土、有机溶剂混合制造稻壳绝热耐火砖。稻壳砖具有防火、防水、隔热保温、重量轻、不易碎裂等优点，这种砖可广泛用于房屋的内墙和外墙。

稻草板材则是以水泥为基料，按其质量分数加入30%～80%的稻草或稻草屑为配料，经搅拌、浇注、加压成型后再脱模养护，按一定规格尺寸制成。

若在生产时将玻璃纤维布预先放入模型上面或下面，或在轻质水泥稻草板上复合彩色水泥板，还可以提高轻质水泥稻草板的抗压强度和装饰效果。这种轻质水泥稻草板具有质轻、隔热、隔声、防冻及便于加工切割等特点，可用做建筑物的内墙板和屋面板。

高强难燃纤维板是将农业、林业废弃的稻草、草秸秆、椰子壳、甘蔗渣、林木锯屑等有机纤维废物与废纸浆混合成浆料，加入一定量的硬化剂混合，用通风机、自然风干等方法对混合物进行预干燥，或在干燥成型后浸渍硬化剂，再干燥成型，然后浸渍硅酸盐溶液制成。测试结果和实践证明，这种高强难燃纤维板具有传统纤维板无法比拟的高强度和难燃性，可用于建筑物的内墙和隔墙。

2．纸面草板

稻草是粮食作物水稻的茎秆，是季节性的农业副产品，每年都有大量的稻草，我国年产量上亿吨，绝大部分被烧掉。稻草是分散的资源，要靠收购集中，购进的稻草要求除去草根、稻穗、稻叶、杂草和泥土等杂质，水分不宜超过15%。麦草及其他草类纤维也可以代替部分稻草板。麦草也是季节性粮食作物的茎秆，结构状况与稻草相近，但茎和节较硬，脆性比稻草大。从化学组成上看，麦草纤维素多些，灰分少些，其他区别不是太大。

纸面草板是以天然稻草、麦秸秆为原料，经加热挤压成型，外表面再粘贴一层棉纸而成的板材。与砖墙建筑相比，这种纸面草板建筑可降低造价30%，减轻自重75%～80%；又由于墙面薄，可增加使用面积约20%，施工速度快2倍，节约建筑能耗90%。纸面草板具有质轻、保温、隔热防寒、隔声、耐燃性好和防虫防蛀等优点。

该板主要用于建筑物的内隔墙、外墙内衬、吊顶板和屋面板等，也可作外墙（但须加可靠的外护面层）。纸面草板分为纸面稻草板和纸面麦草板两种。

纸面草板的外表面为矩形，上、下面纸分别在两侧面搭接，端头是与棱边方向垂直的平面，且用封端纸包覆。

贴面纸是稻草板的主要原材料之一，既是草板表面装饰必需的，也是使草板保持结构完整和符合强度要求的重要因素，要求贴面纸纸质柔软，有较高的抗拉强度。常用的有牛皮纸、沥青牛皮纸、石膏板纸及其他板纸。最好的纸应达到纵向抗拉强度大于25kg/15mm纸带，脆裂强度大于$84×105$帕。根据纸张来源情况，也可用强度稍低的类似的纸代替。生产稻草板所用黏结胶很少，主要用于黏结纸和封头，不是用于黏结稻草的。糊纸胶要求有一定的抗水能力，可以使用脲醛树脂混合胶液和聚乙烯醇缩甲醛胶液。纸面草板的生产过程包括原材料处理及输送、热压成型、切割和封边，生产工艺具有设备简单、能耗低、用胶少等特点，生产中不用蒸汽，不用煤，不用水，仅需少量电能。

3. 秸秆轻质保温砌块

将秸秆切割、破碎后对植物表面进行改性处理，再与水泥、粉煤灰或矿渣、水、减水剂混合，经搅拌、加压成型，脱模养护后制成砌块。秸秆轻质保温砌块也可用废弃的秸秆粉末或锯末为轻质原料（占总体积65%~70%），以聚苯乙烯泡沫塑料为夹芯保温材料，以改性镁质水泥为胶凝材料，按一定材料配合比制成。此类秸秆保温砌块具有自重轻、强度高、抗冲击、防火、防水、隔声、无毒、节能、保温等特点，并可增加建筑物使用面积，加快施工速度。该板材可广泛用于内外墙，目前北方地区保温材料纯陶粒砌块售价在320元/m³左右，聚苯乙烯复合砌块售价在340元/m³左右，而秸秆轻质保温砌块的售价仅220元/m³左右，大大低于目前市场上其他保温墙体材料，其保温和节能效果却明显高于其他保温墙体材料，并可综合利用农业废弃物和工业废渣等，因此尤其适用于北方寒冷地区的外墙。

（三）沉砂淤泥墙体材料

用淤泥替代传统的原材料生产环保型新型墙体材料（主要是烧结多孔砖）的处理工艺和生产工艺，并在实际建设中应用，可以减少因堆放淤泥

建
筑
环
保
新
理
念

新型稻草板材的应用

的耕地占用，避免和减少砖瓦企业对农田的取土破坏，是变废为宝的有效处理方法，对资源循环利用、保护耕地资源和生态环境具有重要的意义。

淤泥是由山体岩层自然风化和地表上随雨水冲刷及江湖水运动时夹带的泥沙，流经河湖而多年沉积的矿物质。其化学成分及矿物组成多数与一般黏土（泥）、泥岩、黏土质岩相似。从矿物组成来看主要是以高岭土为主，其次是石英、长石及铁质，有机质含量较少。淤泥的颗粒大多数在80微米以下，并含有粗屑垃圾及细砂，塑性指数均低于8。淤泥化学成分含量随分布而异，同一水域随水源流域不同，而有一定的差异。

淤泥比较经济的用途是用于开发人造轻集料（淤泥陶粒）及制品。用人造轻集料作骨料的轻集料混凝土比普通混凝土具有更高的强度，无碱集料反应，可广泛在建筑物的梁、柱及桥面板上使用。用人造轻集料加工生产的混凝土内外墙板、楼板、砌块具有隔热保温、隔声的功能，是建筑节能的主要材料。

（四）再生骨料混凝土空心节能砌块

随着国民经济的飞速发展和人民生活水平的不断提高，老城区改造和新城区建设的工程量也在高速增长。随之而来的是各种建筑垃圾的大量产生，不仅给城市环境带来极大危害，而且为处理和堆放这些建筑垃圾需要占用大量宝贵的土地。

将建筑垃圾（如拆除旧房形成的碎砖、碎混凝土、碎瓷砖、碎石材等和新建筑工地上的废弃混凝土、砂浆等各种建筑废弃物）制成再生集料，然后和胶凝材料、外加剂、水等通过搅拌、加压振动成型，经养护便可制成再生骨料混凝土新型墙体材料，可广泛应用于各种建筑。

建筑垃圾虽然比较容易被破碎，但在破碎的同时也会产生很多粉状物。如果粒径小于0.15毫米的粉状物太多(超过20%)，将影响制品的物理机械性能。为避免破碎后粒径单一和粉状物料过多问题，采用了模仿人工敲击的锤式破碎技术，通过调整出料口筛网间距达到控制再生集料颗粒级配的目的。

由于再生骨料具有孔隙率大、吸水率高的特点，按普通混凝土配合比设计方法设计的再生混凝土坍落度降低，为了获得比较理想的坍落度必须增加用水量和水泥用量。因此在现有正在研究的各种再生骨料混凝土新型墙材中，利用再生骨料生产混凝土空心砌块（称为再生混凝土空心砌块）是比较合理的。这是因为一方面再生混凝土空心砌块对混凝土的工作性能要求较低；另一方面，再生骨料密度比天然骨料低，热导率低。

六、低碳建材之门窗材料

目前，我国常用的窗框材料有木材、钢材、铝合金、塑料。木材、塑料的隔热保温性能优于钢材、铝合金，但钢材、铝合金经热处理后，如果进行喷塑处理，与PVC塑料或木材复合，则可以显著降低其传热系数，这些新型的复合材料是目前常用的品种。

（一）木门窗

木材是传统的窗框材料，因为它易于取材且便于加工。虽然木材本质上不耐久易腐烂，但是质量与保养良好的木门窗可以有很长的使用寿命，其外表面必须上漆加以保护，因而也可根据需要改变颜色。木窗框在热工方面表现很

木门窗

好，由于木材的热导率低，所以木材门窗框具有十分优异的隔热保温性能。同时，木材的装饰性好，在我国的建筑发展中，木材有着特殊的地位，早期在建筑中使用的都是木窗（包括窗框和镶嵌材料都使用木材），所以在我国木门窗也得到了很大的发展。

当今各种高档装修中最为流行的要数纯木门窗的应用，天然木材独具的温馨感和出色的耐用程度是人们喜爱它的最重要的理由。为了保证木门窗不开裂，木材要经过周期式强制循环蒸汽干燥处理，这种干燥方法虽然成本较高，但是室内气体循环均匀，质量好，能满足高质量的干燥要求。

经过层层特殊处理的纯木门窗品质非常好，耐力、抗变形，更不用担心遭虫咬、被腐蚀，且强度也大大增加。纯木门窗表面采用高级门窗专用漆，经过传统的手工打磨和七遍以上自然阴干，使涂料的附着力极强，完全可以作为外窗使用。

木门窗是我国目前主要品种之一，但由于其耗用木材较多，易变形，引起气密性不良，同时容易引起火灾，所以现在很少作为节能门窗的材料。近些年来，木窗框的一个新变化就是在室外表面外包铝合金作为保护材料。

"内柔外刚"是铝包木门窗的主要特色，室外完全采用铝合金、五金件安装牢固，防水、防尘性能好，不需要繁琐的保养；而室内则采用经过特殊工艺加工的高档优质木材。这种窗框既满足了建筑内外侧对窗框材料的不同要求，又保留了木门窗的特性和功能，而且易于保养。木质框架的隔热性好以及铝合金强度高的优点，使室内色泽与装饰相配，而室外保留了建筑物的整体风格。这样，在满足建筑物内外侧不同要求的同时，既保留了纯木门窗的特性和功能，外层的铝合金又起到了保护作用，提高门窗的使用寿命。这种材质的门窗分为德式和意式两种。

新型铝包木保温窗具有保温铝合金窗与木窗的两方面优点。

木塑门窗的结构是采用木芯外覆塑料保护层。采用PVC塑料，将加热的聚氯乙烯挤压包覆在木芯型材上形成极为牢固耐久的保护层，不起皮、不需喷涂、抗老化、清洁美观、免维修。PVC外壳保护层有很高的防腐蚀性（能耐酸、碱、盐等），对沿海地区和高温地区更为适宜；阻燃性能好，其氧指数、水平燃烧和垂直燃烧指标都很好。木塑门窗结构中的木芯经过去浆、干燥处理后加工成型，在外覆料的接口处经过焊接或胶封，保证材质既具有良好的刚度、强度，又不变形。窗扇与窗框之间可采用类似飞机座舱密封的形式，窗扇与玻璃之间采用类似汽车风挡玻璃密封的形式，有良好的气密性能，优良的防尘、防水性能。这种节能木塑门窗的玻璃可采用中空玻璃（两层玻璃中间抽真空后，充入某种惰性气体），既保证冬季不起雾、不上霜，又保证良好的隔热、隔声性能，冬季可提高室温3℃～5℃。

（二）塑料门窗

塑料门窗是一种具有良好隔热性能的通用型塑料。以此种材料做窗框时内加钢衬，通常称为塑钢或PVC塑料窗。就热工性能来说，PVC塑料窗可与木窗媲美。PVC塑料窗不需要上漆，没有表面涂层会被破坏或是随着时间而消退，颜色可以保持始终，因此表面无须养护。它也可进行表面处理，如外压薄板或覆涂层，增加颜色和外观的选择。近年来的技术更是提高了其结构稳定性，以及抵抗由阳光和温度急剧变化引起的老化的能力。

塑料框材的传热性能差，保温隔热性能十分优良，节能效果突出，同时气密性、装饰性也好。

塑料窗框由于自身的强度不高且刚性差，与金属材料窗比较，其抗风压性能较差，因此以前很少使用单纯的塑料窗框。随着科技的发展，现在出现了很多很好的塑料窗。由于塑料本身的抗风压性能差，所以目前塑料窗都加强了抗风压性能，方法主要是在型材内腔增加金属加强筋，或加工成塑钢复合型材，这样可明显提高其抗风压性能，适应一般气候条件（风速）的要求。但具体设计时，特别是在风速大的地区或高层建筑中必须按照国家相关标准进行计算，确定型材选择，加强筋尺寸等有关参数，这样能保证其抗风压性能符合要求。

（三）金属门窗

金属门窗框主要就是钢型材与铝合金型材，钢和铝合金在性能上有一

环保进行时丛书
HUANBAO JINXING SHI CONGSHU

定的相似性。因为它们传热性能都较好，所以其保温隔热性能都较差。当然，经过特殊加工（断热处理）后，可明显提高其保温隔热的性能。

铝合金窗框质轻、耐用，容易根据窗户部件的需要挤塑成复杂的形状。铝合金的表面耐久且易于保养。与钢门窗比较，铝合金门窗框有更多的优点，并且又具有良好的耐久性和装饰性，故在门窗框使用上很受欢迎。同时铝合金门窗框的抗风压性也较好。

金属门窗

但是铝合金作为窗框的最大缺点在于它的高导热性，大大增加了窗户整体的传热系数。在炎热天气，由于太阳辐射的热往往比热传导严重得多，提高窗框的隔热值相较采用高性能的玻璃系统显得次要；但在寒冷天气，普通的铝合金窗框极易在表面产生结露，一结露问题甚至比热损失问题更促使了铝合金窗框的改进。

对铝合金窗框的导热问题最常见的解决方法是设置"热隔断"，就是将窗框组件分割为内、外两部分，代以不导热材料连接。这种隔热技术可以大幅度降低铝合金窗框的传热系数。

断热冷桥型材有两种形式：穿条工艺和浇注工艺。穿条工艺是由两个隔热条将铝型材内、外两部分连接起来，从而阻止铝型材内、外热量的传导，实现节能的目的。穿条工艺是来源于欧洲的技术，在市场上较为常见，据不完全统计的数据表明，国内采用进口穿条生产设备和国内穿条生产设备的公司有近百家，正常生产的不到总数量的一半。

浇注工艺隔热节能技术起源于美国。1937年10月，第一个描述铝合金材料如何进行隔热处理的专利诞生。它的主要原理是将一种类似密封蜡的混合物浇注到门窗用铝材的中间进行隔热。与此同时，有关聚氨酯的专利在德国出现。1952年，另一个专利被公开发布。该专利发明者的想法是用黏结或机械力压紧的方法将某种未成型的高分子绝热聚合物固定在铝合金型材专用的断热槽中。然后，就像今天大家看到的那样，将铝合金型材槽底连接部分切除，这种方法就是今天浇注工艺技术的雏形。目前，国内有不少厂家引进了浇注设备，其中包括进口的和国产的，这些厂家大多是在有穿条式设备的同时引进浇注式设备的。

（四）玻璃钢型材门窗

玻璃钢门窗是以玻璃纤维及其制品为增强材料，以不饱和聚酯树脂为基体材料，通过拉挤工艺生产出空腹型材，经过切割、组装、喷涂等工序制成门窗框，再装配上毛条、橡胶条及五金件制成的门窗。玻璃钢型材是类似于钢筋混凝土的一种复合结构体，是一种轻质高强材料，它同时具有铝合金型材的刚度和PVC型材较低的热传导性，是继木结构门窗、钢结构门窗、铝结构门窗及塑钢门窗之后的一种具有绿色节能环保性能的新型节能窗框材料。

玻璃钢窗与铝合金窗、塑钢窗相比具有以下优势。

(1)质轻强度高。玻璃钢型材的密度在$1.9g/cm^3$左右，约为铝密度的2/3，比塑钢型材略大，属轻质材料。而玻璃钢型材抗拉强度大约是$420N/cm^2$，抗拉强度与普通碳钢接近，弯曲强度及弯曲弹性模量是塑钢型材的8倍左右，是铝合金的2~3倍，而抗风压能力达到国家一级水平，与铝合金窗相当，比塑钢窗要高出约两个等级。

(2)密封性好。在密封性方面，玻璃钢窗在组装过程中角部处理采用胶黏加螺接工艺，同时全部缝隙均采用橡胶条和毛条密封，玻璃钢型材为空腹结构，因此密封性能好。其气密性达到国家一级水平。塑钢窗的气密性与它相当，铝合金窗则要差一些。在水密性方面，由于塑钢窗材质强度和刚性低，水密性要比玻璃钢窗和铝合金窗低两个等级。

玻璃钢型材门窗

(3)隔热保温、节能。玻璃钢型材热导率低，室温下为$0.3\sim0.4$W／(m／K)，与塑钢窗相当，远低于铝合金型材，是优良的绝热材料。玻璃钢型材的热膨胀系数与墙材、玻璃的线膨胀系数相当，在冷热差变化较大的环境下，不易与建筑物及玻璃之间产生缝隙，更是提高了密封性，加之玻璃钢型材为空腹结构，所有的缝隙均有橡胶条、毛条密封，因此隔热保温效果显著。保温性达到国标GB-8482Ⅱ级水平。对于冬季比较寒冷的北方、夏季比较炎热的南方（装空调），玻璃钢窗都是最好的选择，其保温、节能性能与塑钢窗大致相当，好于铝合金窗。

(4)尺寸稳定。玻璃钢窗的热膨胀系数约是铝合金的1／3、塑钢的1／10，不会因昼夜或冬夏温差变化而产生挤压变形问题。在耐热性、耐冷性、吸水性方面，玻璃钢型材和铝合金型材相当，遇热不变形，无低温冷脆性，不吸水，窗框尺寸及形状的稳定性好。而塑钢窗易受热变形、遇冷变脆及形状稳定性差，往往需要利用玻璃的刚性来防止窗框的变形。

(5)耐腐蚀、耐老化。在耐腐蚀方面，玻璃钢窗是优良的耐腐蚀材料，对酸、碱、盐、大部分有机物、海水以及潮湿都有较好的抵抗力，对于微生物的作用也有抵抗的性能，适合使用于多雨、潮湿和沿海地区以及化工场所。铝合金窗耐大气腐蚀性好，但应避免直接与某些其他金属接触时的电化学腐蚀；塑钢窗耐潮湿、盐雾、酸雨，但应避免与发烟硫酸、硝酸、丙酮、二氯乙烷、四氯化碳及甲苯等有机溶剂直接接触。在耐老化方面，玻璃钢型材为复合材料，铝合金型材是高度稳定的无机材料，二者的耐老化性能优良，而塑钢型材为有机材料，在紫外线作用下，大分子链断裂，使材料表面失去光泽，变色、粉化，型材的力学性能下降。

(6)装饰性好。玻璃钢和铝合金型材硬度高，经砂光后表面光滑、细腻、易涂装。可涂装各种涂料，颜色丰富，耐擦洗，不褪色，观感舒适。而塑钢窗作为建筑外窗，只能以白色为主。因为白色或浅灰色塑钢型材具有耐候性和光照稳定性，不宜吸热，故被广泛使用。有色彩的塑钢型材耐热性、耐候性大大降低，只能适于室内使用。

(7)防火性好。相比而言，玻璃钢窗加入了无机阻燃材料，属难燃材料，铝合金窗完全不燃，而塑钢窗的防火性与二者相比是差的，遇到明火后可进行缓慢地燃烧，并且在燃烧时释放出氯气（毒气）。

(8)使用寿命长。在正常使用条件下，玻璃钢窗的使用寿命达30年，与铝合金窗的20年、塑钢窗的15年使用寿命相比较是长的，大大减少了更换门窗的费用和麻烦。

（五）复合型门窗

复合材料门窗框主要由两种或两种以上单一材料构成，是一类综合性能较佳的新型门窗。金属材料钢、铝合金和非金属材料呈现明显的互补性，其中钢、塑料尤为明显，互相弥补了各自性能的不足。因此，如果能够制成金属与非金属相互复合的门窗框架，其门窗性能一定会得到全面优化。由于塑料的可塑性，可以充分利用塑料型材制成复杂断面的性能，从而为安装封条和镶嵌条提供最佳断面，以大幅度地提高门窗的气密性和水密性。在具体的门窗设计中，可以将金属框材面向室外，塑料框材朝向室内。这一方面可满足建筑外观要求，另一方面还可以使室内侧免于暴露金属表面，有利于防止结露和触摸时冰凉的不适感。塑料框材布置在室内可避免阳光直射，延缓老化，延长寿命。此外，塑料型材可制成多种颜色，由于无阳光直射之虞，可充分满足室内装饰要求。还有，金属框架的设计可以充分考虑其刚性，发挥其防盗、防火的优越性，从而弥补全塑料门窗框在这方面的不足。当然，两种型材相互复合工艺随金属材料的不同而不同，一般钢塑型材复合多采用机械和化学综合方法，而铝塑型材复合多以插接压锁工艺为主。复合型材要求接缝处严密防水，在受力时又能起共同抗弯作用。

研究表明，复合型门窗框能有效起到节能的作用。而其中钢塑复合门窗已有高、中、低三个档次系列。在不同地区的热工实测证明，性能稳定，保温节能效果良好。同时研究不同复合型门窗框已取得理想的效果，复合型门窗框已得到更进一步的推广。

目前，在门窗框的选用上，木材、塑料、钢、铝合金、玻璃钢各种门

复合型门窗效果图

复合型门窗框

窗产品性能均受到框材性能的制约，存在不同的缺点。从建筑节能的角度看，注重门窗的保温隔热性能固然十分重要，但也要考虑其他性能，根据工程的实际情况来选择综合性能相适宜的门窗类型。在有利于节能的门窗框材发展中，多采用复合材料，这样既发挥各种材料的优点，又能弥补自身的不足，在门窗的设计中应当提倡材料的多样互补性。现在形成了钢塑组合、铝塑组合、合金与塑料组合等多种复合材料的门窗框。根据经济性和节能效果来说，复合型门窗框材是现在推广节能项目中很好的材料。

七、低碳建材之绿色膜材料

膜结构既是一种古老的结构形式，也是一种代表当今建筑技术和材料科学发展水平的新型结构形式。20世纪60年代，美国杜邦公司合成了TEDLAR（杜邦公司注册商标）品牌的氟素材料，如PTFE、PVDF、PVF等。紧接着美国和日本的厂家直接开发出了PTFE涂层的膜材。另外，为了配合PTFE涂层，人们进一步开发出玻璃纤维作为PTFE的基材，从而使PTFE膜材也得到了广泛应用。

（一）膜材料的分类

膜结构的研究和应用的关键是材料问题。膜的材料分为织物膜材和箔片两大类。高强度箔片近几年才开始应用于结构。

织物是由平织或曲织生成的；根据涂层情况，织物膜材可以分为涂层膜材和非涂层膜材两种；根据材料类型，织物膜材可以分为聚酯织物和玻璃织物两种。涂层膜通过单边或双边涂层可以保护织物免受机械损伤、大气影响以及动植物作用等的损伤，所以目前涂层膜材是膜结构的主流材料。

　　结构工程中的箔片都是由氟塑料制造的，它的优点在于有很高的透光性和出色的防老化性。单层的箔片可以如同膜材一样施加预拉力，但它常常被做成夹层，内部充有永久空气压力以稳定箔面。跨度较大时，箔片常被压制成正交膜片。由于具有极高的自洁性能，氟塑料不仅被制成箔片，还常常被直接用作涂层，如玻璃织物上的PTFE涂层以及用于涂层织物的表面细化，如聚酯织物加PVC涂层外的PVDF表面。而ETFE膜材没有织物或玻璃纤维基层，但是仍把它归到膜材这一类中。

　　空间膜结构所采用的膜材为高强度复合材料，由交叉编织的基材和涂层组成。

（二）膜材料的力学性能

　　以玻璃纤维织物为基材涂敷PTFE的膜材质量较好、强度较高且蠕变小，接缝可达到与基本膜材同等的强度。膜材耐久性能较好，在大气环境中不会发黄、霉变和产生裂纹，也不会因受紫外线的作用而变质。PTFE膜材是不燃材料，具有卓越的耐火性能，它不仅防水性能好，而且

膜材料应用图

防水汽渗透的能力也很强。此外这种膜材的自洁性能极佳，但它的价格比较昂贵。这种膜材比较刚硬，施工操作时柔顺性稍差，因而精确的设计和下料显得尤为重要。

　　涂敷PVC的聚酯纤维膜材要便宜得多。这种膜材强度稍高于前一类膜材，且具有一定的蠕变性。这种膜材具有较好的拉伸性，易于制作，对剪裁中的误差有较好的适应性。这种膜材的耐久性和自洁性较差，易老化和变质。为了改进这种膜材的性能，目前常在涂层外再加一面层，聚氟乙烯(PVF)或聚偏氟乙烯(PVDF)较加了面层的PVC膜材的耐久性和自洁性大为改善，但价格稍贵，不过仍远比PTFE膜材便宜。ETFE是乙烯——四氟乙

烯共聚物，既具有类似聚四氟乙烯的优良性能，又具有类似聚乙烯的易加工性能，还有耐溶剂和耐辐射的性能。

用于膜结构上的ETFE膜材是由其生料加工而成的薄膜，厚度通常为0.05—0.25毫米，非常坚固、耐用，并具有极高的透光性，表面具有高抗污、易清洗的特点。0.2毫米ETFE膜材的单位面积质量约为350g/㎡，抗拉强度大于40兆帕。

北京国家水上运动中心的墙面和屋顶使用了4000块ETFE充气板，是目前使用这种材料最多的工程，也是世界上最节能的建筑物之一。它由总部设在悉尼的PTW建筑事务所设计。

水立方膜结构外观图

北京国家体育场由赫尔佐格—德梅隆建筑事务所设计。这幢建筑物由盘绕的钢铁骨架和ETFE"垫子"构成。ETFE"垫子"将填充钢铁骨架之间的空间，帮助遮风避雨。

德国安联球场位于德国慕尼黑，建成于2005年，由赫尔佐格—德梅隆建筑事务所设计。安联球场的绰号叫"充气船"。这来源于它与众不同的形状和它表面的2800多块ETFE材料充气板。与巴塞尔运动场一样，这个足球场的"皮肤"在夜间能够发光，根据比赛的球队不同而呈现红色、白色或蓝色。

德国安联球场膜材料应用图

第五章

发展低碳建筑的
重中之重——节能减排

一、低碳建筑与节能减排

能源消耗主要集中在工业、交通和建筑等领域，其中建筑领域占了相当大的比重。建筑全过程不仅消耗了大量的资源和能源，还产生了相当多的污染和排放。低碳建筑在实现建筑节能的同时，还为用户提供一个舒适、健康、安全的室内环境，代表着未来世界建筑的发展趋势，前景十分广阔。

建筑节能意义非凡

大力发展低碳建筑是实现建筑节能的重要要求。低碳建筑因其具有节能、节地、节水、节材、环保的"四节一环保"特征，是当前节能减排最有效的方式之一。当前，我国正处于城镇化和工业化的快速发展时期，建筑存量大、新建建筑多，地理气候特征多样化，加上与自然和谐相处的传统建筑文化，发展低碳建筑具有巨大的潜力和独特的优势。

当前，低碳建筑技术相对成熟，就建筑投入和节能效益而言，高能效照明技术是几乎所有国家建筑物温室气体减排最有效的措施之一。另据测算，达到同样的节能效率，建筑比工业投入要少很多。就节能量而言，改进寒冷气候区的隔热和分区供暖系统，实行分户供热计量，在温暖气候区提高制冷和通风能效，注重遮阳、自然通风、隔热措施，以及改进炊事炉灶等，均是有效的节能措施；高能效比的设备、太阳能热水装置、节能型家用电器和能源管理体系等，也都是成熟的建筑节能技术。

低碳建筑说到底就是应用环境回馈和资源效率的集成思维去设计和建造的建筑。低碳建筑有利于资源节约(包括提高能源效率、利用可再生能

第五章 发展低碳建筑的重中之重——节能减排

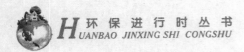

源、水资源保护）；低碳建筑充分考虑其对环境的影响和废弃物最低化；低碳建筑致力于创建一个健康舒适的人居环境，降低建筑使用和维护费用。综上所述，低碳建筑的主要特点就是环保健康和节能。

1. 设计阶段的节能

设计是低碳建筑的重要阶段。低碳建筑在设计中，就要体现环保健康和节能的特点。低碳建筑设计一般采用整体设计。建筑整体设计就是指在建筑设计的初始阶段，根据当地的气候条件，通过被动式建筑设计、建筑参数优化设计等建筑设计及技术手段，并结合周边建筑及环境的影响，充分利用自

节能建筑效果图

然资源，如太阳能、风能等减少对有机能源的依赖，创造舒适的人居环境。在设计中，做好整体规划，充分利用现有的资源，减少重建。例如南方地区低碳建筑设计最关键的因素一是通风，二是遮阳，三是建筑立面绿色和屋顶绿化。这三项非常简单的技术应用可大大降低空调的使用，可使建筑能耗降低50%以上。在北方，需要在建筑墙体中加入非常厚的聚乙烯泡沫保温材料，因为北方冬天的室内外温差可高达40℃以上；而南方室内外温差一般不超过10℃，这种气候条件下就不需要特别加强墙体构造来保温。

节能建筑设计的基本原则和要求：

（1）节能建筑设计应贯彻"因地制宜"的设计原则。

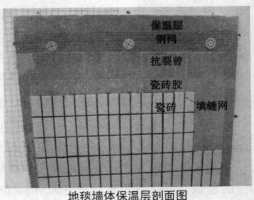
保温层
钢网
抗裂曾
瓷砖胶
瓷砖　填缝网

地毯墙体保温层剖面图

这里所指的"地"主要是指建筑物所在地的气候特征。例如武汉属典型的夏热冬冷地区，其气候特征主要表现为夏季闷热，冬季湿冷。因此，武汉地区的节能建筑必须适应武汉地区的气候特征，既不能照搬严寒地区的建筑形式，也不能照搬夏热冬暖及海洋性气候地区的建筑形式，更不能照搬四季如春的温和气候地区的建筑形式。

（2）建筑外围护结构的热工设计应贯彻超前性原则。

现行建筑节能设计标准对建筑外围护结构热工性能的规定性指标水平较低，仅仅是实现现阶段节能50%目标的需要，距离舒适性建筑的要求甚远，与发达国家的差距很大。随着我国经济的发展，建筑节能设计标准将分阶段予以修改，建筑外围护结构的热工性能会逐步提高。由于建筑的使用年限长，到时按新标准再对既有建筑实施节能改造是很困难的，因此应贯彻超前性原则，特别是夏季酷热地区，建筑外围护结构（屋顶、外墙、外门外窗）的热工性能指标应

建筑维护结构施工图

突破节能设计标准规定的最低要求，予以适当加强，应控制屋顶和外墙的夏季内表面计算温度。

（3）建筑设计者要有社会责任感。

社会上的人每做一件事，就自觉或不自觉地对社会承担了一份社会责任，工程设计更是如此。设计单位和设计人员设计一项工程，自施工建设开始，设计者就开始对它承担起终身的社会责任。工程责任的范围广，且

环保进行时丛书
HUANBAO JINXING SHI CONGSHU

责任重大，所负责任的时间长（直至设计使用周期止）。因为能源是我国的战略物资和经济发展的动力，又是后代人生存的必要条件，建筑节能是贯彻国家节约能源法和可持续发展战略的大事，所以节能建筑的设计者又实际上承担了一份牵涉到国家发展战略和后代人生存条件的社会责任。

2．施工阶段的节能

施工是建筑中能耗最多的阶段，也是环保和节能技术中关键阶段。在施工中，使用健康和节能的材料和设备，强化低碳建筑的施工技术，是低碳建筑施工中的重要手段。

（1）建筑材料和建筑设备。

建筑构件和建筑设备的环保健康和节能是低碳建筑中的关键技术。例如合理使用经济适用的节能技术可在满足舒适要求的同时使建筑节约1/3左右的能源费用。低能耗高效能的建材、先进的绝热技术、充分考虑遮阳和日光利用的高性能集成窗系统、建筑气密性的处理、新能源和可再生能源系统的使用、高能效设备和用具的使用、区域热电冷联技术等在建筑中的使用将是低碳建筑中的关键技术和关键设备。

（2）建筑施工方法。

绿色施工与传统的施工方法相比，有较大区别。传统的施工方法以满足工程本身指标为目的，以工程质量、工期、成本等为根本目标，在节约资源和环境保护方面考虑很少，当节约资源和环境保护方面与工程质量、工期、成本等发生冲突时，总是采取保证后者放弃前者的做法，这样做的后果常常是工程本身的质量、工期、成本达到了要求，但浪费了资源，破坏了环境，给社会留下了不可弥补的遗憾。建筑物绿色施工是对施工策划、材料采购、现场施工、工程验收等进行控制，强调施工全过程"四节一环保"，就是以资源的高效利用为核心，以环保优先为原则，追求高效、低耗、环保，统筹兼顾，实现工程质量、安全、文明、效益、环保综合效益最大化，是具有可持续发展思想的施工方法。

3．使用阶段的技能

低碳建筑的最终功能是满足使用的功能，因此，要求环境品质能够满足环保健康和满足人们的舒适性。室内环境品质问题包括两个方面，一个是室内热环境问题，一个是室内空气质量问题。因此，室内环境要讲究通风和采光技术，还要采用地热、分户计暖等措施来进行节能。室外环境要能够美化人的心灵，陶冶人的情操，因此，要采用绿化措施还要采用节水、绿化等技术措施。

低碳节能建筑的具体特征有以下五点：

（1）少消耗资源。设计、建造、使用要减少资源消耗。

（2）高性能品质。结构用材要有足够强度、有耐久性，围护结构要保温、防水。

（3）减少环境污染。采用低污染材料，利用清洁能源。

（4）长生命使用期。

（5）多回收利用。

当前和今后一个时期，发展低碳建筑，有几个方面需要注意：

一要注意采用适用技术。低碳建筑应尽可能地采用适用技术和降低能源消耗的构造。目前，已有不少低成本、简便且适用性强的成熟技术可应用于低碳建筑，如自然通风、遮阳、建筑墙体保温、建筑立面绿化和屋顶绿化

建筑通风与采光室内图

等。对此，人们应积极借鉴并推广。

二要营造健康环保的室内环境。发展低碳建筑，要将居住人的健康、人与人的和谐与建筑的节能、节材、节水、节地紧密结合起来。发展低碳建筑不仅应努力使建筑能耗大为减少，而且应带来健康、生态环保的室内环境，使在低碳建筑里的人接受并热爱这样的生活和工作环境，从而保持身体健康和激发工作热情，发挥更大的生产潜力和创新潜力。

三要充分利用可再生能源。可以通过现代技术将太阳能、风能、地热能、电梯下降的势能以及人活动产生的热能等都收集起来，使建筑成为一个能源的发生器，从而达到节能减排的目的。

发展低碳建筑，推广建筑节能大有可为。作为学生的我们，要努力提高自己对低碳建筑的认识，帮助宣传低碳建筑，利用报纸、电视、网络等媒体普及低碳建筑知识，树立节约意识和正确的消费观。

 ## 二、认识一下节能型建筑热工设计

建筑热工设计要求

建筑节能设计标准对我国居住建筑的能耗指标以及建筑的热工设计和采暖设计等做出了规定，其主要目的是在保证建筑物使用功能和室内热环境质量条件下，将采暖与空调能耗控制在规定水平。

节能标准和热工规范在内容、目的和适用范围方面是有区别的，但节能标准中的建筑热工设计部分与热工规范中的保温设计部分的原理和方法是一致的，只不过节能标准从控制采暖的角度出发，对围护结构的保温和门窗的气密性进一步提高了要求。因此，在严寒和寒冷地区，采暖居住建筑应按节能标准执行，其他民用建筑应按热工规范执行，并参照节能标准。由于节能标准中包含许多建

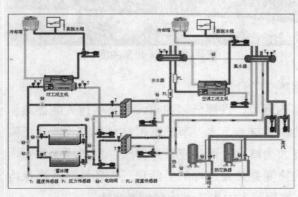

某节能建筑热工拓扑图

筑热工设计的内容，如建筑耗热量指标的计算、建筑布置和体形设计、围护结构设计等的原理和方法与热工规范中是一致的；有些计算方法和计算参数热工规范已作出规定，在进行节能设计时，常常需要引用。因此，节能设计标准与热工设计规范是密切相关的。

建筑节能热工设计技术

（一）建筑朝向

我国地处北半球，受太阳高度角和方位角变化规律的影响，南北朝向的建筑在夏季可减少太阳辐射的得热，冬季可增加太阳辐射的得热，是最有利的建筑朝向，所以使建筑物朝南是我国建筑节能的必要条件。空调冷热负荷的大小与建筑物的朝向和平面形状有着密切关系。研究表明，同样平面形状的建筑物，南北向比东西向负荷少，合理的设计将有利于空调系统的节能。

朝向选择需要考虑的因素有以下几点：

（1）冬季能有适量并具有一定质量的阳光射入室内；

（2）炎热季节尽量减少太阳直射室内和居室外墙面；

（3）夏季有良好的通风，冬季避免冷风吹袭；

（4）充分利用地形并节约用地；

（5）照顾居住建筑组合的需要。

1. 各建筑朝向墙面及室内可能获得的日照时间和日照面积

无论是温带还是寒带，必要的日照条件是建筑所不可缺少的，但是不同地理环境和气候条件下的住宅在日照时数和阳光照入室内深度上是不相同的，建筑物墙面上的日照时间决定墙面接受太阳辐射热量的多少。由于冬季和夏季太阳方位角的变化幅度较大，各个朝向墙面所获得的日照时间相差很大，因此，应对不同朝向墙面在不同季节的日照时数进行统计，求出日照时效的日平均值，作为综合分析朝向的依据。

根据太阳能在不同时段的分布状况、建筑物的使用性质来调整和确定建筑物朝向，是充分利用太阳能的有效措施。例如，夏热冬暖地区建筑物的朝向应设计为南偏东，以减少夏季进入室内的太阳辐射，而冬季又能较充分地利用太阳辐射热。又如办公、学校等公共建筑只在白天使用，冬季希望上午室温能够尽快上升，这样的建筑物应将朝向设为南偏东；而住宅、旅馆、宿舍等居住建筑希望下午有较强的太阳辐射热进入室内以提高夜间室温，应将朝向设为南偏西。

2．主导风向与建筑朝向的关系

主导风向直接影响冬季住宅室内的热损耗及夏季室内的自然通风，因此，从冬季保暖和夏季降温方面考虑，在设计建筑物朝向时，当地的主导风向因素不容忽视。另外，从建筑群的气流流场可知，建筑长轴垂直于主导风向时，由于各住宅之间会产生涡流，从而影响自然通风效果，因此，应避免建筑长轴垂直于夏季主导风向（即风向入射角为零度），从而减少前排房屋对后排房屋通风的不利影响。

某学校采光外观图

在实际运用中，在根据日照和太阳辐射将建筑的基本朝向范围确定后，在进一步核对季节主导风时，会出现主导风向与日照朝向形成夹角的情况。从单幢建筑的通风条件来看，房屋与主导风向垂直效果最好。但是，从整个建筑群来看，这种情况并不完全有利，这时希望两者形成角度，以便各排房屋都能获得比较满意的通风条件。

（二）建筑体形与体形系数

建筑体形系数是指建筑物与室外大气接触的外表面积与其所包围的建筑空间体积的比值。体形系数越大，说明单位建筑空间所分担的传热面积越大，负荷就越大。在其他条件相同的情况下，建筑物耗热量指标随体形系数的增长而增长。体形系数每增大0.01，耗热量指标约增加2.5%。从建筑物传热耗能考虑，建筑物的外围护结构是传热耗能的主要部位，其表面积应该是越小越好。

炎热地区、建筑单体设计需要考虑的一个问题是如何确定"理想的"建筑体形，以便使建筑物的太阳辐射得热量最少。

（三）窗墙比

节能建筑要求建筑每个朝向的窗墙面积比均不应大于0.7。当窗墙面积比小于0.4时，玻璃的可见光投射比不应小于0.4。外窗的可开启面积不应小于窗面积的30%；透明幕墙应具有可开启部分或设有通风换气装置。

窗墙比对建筑的负荷影响较大。研究表明，在其他条件都不变的情况下，只改变窗墙比，在其他围护结构热工特性相同的前提下，把窗墙比从0.3增加到0.5时，全年热负荷增加7.59%，冷负荷增加31.66%，总负荷增加22.15%；当把窗墙比从0.3增加到0.7时，全年热负荷增加16.26%，冷负荷增加55.26%，总负荷增加40.07%。因此，大面积玻璃窗对空调负荷增加很大。目前国内存在着为追求建筑物外表美观而采用大面积玻璃窗的倾向，这对节约空调能耗十分不利。

（四）围护结构的热工设计

在建筑布局规划、朝向设计、窗墙比确定之后，需要对其围护结构的热工进行节能设计，围护结构的节能热工设计包括：保温及隔热设计、防潮设计、热桥及冷桥设计等。

137　环保进行时丛书　HUANBAO JINXING SHI CONGSHU

结合生物气候思路的节能热工设计

生物气候设计所涉及的内容实际上是设计者在为人们创造舒适的室内热环境时需要解决的问题，如明确室外气候和建筑的关系，明确各气候要素对建筑的影响，采取措施利用有用的室外气候资源、规避不利因素的影响以及将这种措施体现在建筑形式上等。

生物气候设计方法是一种从人体热舒适的角度分析当地气候特征，并可以给出具体的建筑设计原则和技术措施的一种系统分析方法。它基于低能耗建筑设计原则，以当地典型气候为设计依据，把利用自然通风或夜间通风、降低室温、蒸发散热以及太阳能采暖等方法调节的适用范围同时表示在一个图表上，强调通过被动式的手段，以不用或少用设备调节的原则最大限度地获得室内舒适环境，从而节约能源，保护环境。

该设计方法是"被动式"设计方法的起点，被动式建筑设计就是顺应阳光、风力、气温、湿度的自然原理，尽量不依赖常规能源的消耗，以规划、设计、环境配置的建筑手法来改善和创造舒适的居住环境。

建筑热工设计的评价指标

公众对建筑节能知识的缺乏极大地影响了建筑节能相关政策和建筑节能服务的推广。定性的评价方法有助于大众了解自己所处环境的能耗现状，尤其是通过评价可以了解建筑从设计到使用过程中，哪些方面具有改进的余地，从而主动地寻求相关的改进措施，达到主动节能的效果。

三、低碳建筑的围护设计与节能

建筑节能与围护结构有什么关系

建筑节能降耗主要从两方面进行，一是提高建筑物空调设备的效益及改进运行管理方法，二是改善建筑物围护结构热工性能，增强建筑物自身隔热、防热能力，降低夏季热流对室内环境的影响和入侵，减少建筑物的得热量。舒适性空调建筑某时刻进入空调房间的热量包括经围护结构进入房间的热量和室内设备、人体、照明产生的热量。在炎热的夏季，前一部分的热量较大，节能潜力也大，通过围护结构传热的得热量约占整个围护结构得热量的70%~80%，通过门窗缝隙渗透的约占20%~30%，实现围护结构节能，降低围护结构得热量，也就是降低建筑物耗冷量，使得为维持室内舒适性所需冷负荷降低，从而节约空调系统向每个房间提供的冷量，达到节能省电的目的。

围护结构是一栋建筑物构成的主体，由外围护结构和内围护结构两部分组成。其中，外围护结构包括外墙、外门窗、屋面和地面四个部分，其作用是使室内受到遮护，以不受室外气候变化的影响；内围护结构包括内墙、楼面、内门窗三部分，其作用主要是为了构建和分配室内空间，以适应不同的功能需求。外围护结构的建筑节能技术是研究的重点。

某学校采光外观图

在冬、夏两季，室内与室外有很大的温差，这个温差导致能量以热的形式流入或流出居室，为了居住的舒适，采暖、空调设备消耗的能量主要用来补充这个能量损失。在室内外温差不同的条件下，建筑围护结构保温、隔热性能的好坏直接影响到流出或流入室内热量的多少。建筑围护结构保温、隔热性能好，流出或流入室内的热量就少，采暖、空调设备消耗的能量也就少；反之，建筑围护结构保温、隔热性能差，流出或流入室内的热量就多，采暖、空调设备消耗的能量就多。在建筑节能设计标准中规定的节能50%的目标，其分配方式是建筑物承担30%，系统承担20%，可见围护结构

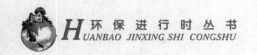
建筑环保新理念

在建筑节能中起着重要的作用。

围护结构各部位的传热耗热量在不同阶段占耗热量指标是不同的，随着对建筑物节能要求的提高，围护结构各部位的耗热量分布比例变化也变大。因此，在不同的节能目标阶段，应根据围护结构各部位的耗热量分布采取相应的节能措施，以降低其传热耗热量，确保总体建筑的总传热耗热量符合要求。

复合墙体建筑　　　　　　　　建筑外围护栏结构

节能型建筑围护结构设计在国外的现状

由于采暖、空调能耗在建筑日常运转能耗以至整个建筑能耗中占的比重很大，故外围护结构热工性能的改进成为许多国家节能工作的重点。经过几十年的发展，国外在外围护结构保温、隔热方面取得了重要进展，形成了从材料的开发、研究到施工的成套技术，现在已经发展到使用高科技材料来制成绿色环保的材料。

围护结构的改进除了加强墙体的保温、隔热性能外，还包括窗的改进。国外对窗的节能主要从两方面入手。其一是从窗的构造（二层或三层窗）、密闭性能和玻璃或其他透明材料上研究改进。现在国外双层幕墙体系的运用已经从公共建筑逐步转移到住宅上来。另一方面是从窗和墙、地板的面积比例上研究窗的合理面积，也就是合适的窗墙比。在减少窗透过材料的热损失、增加吸收太阳短波辐射和可控性的研究上也已经有了不少进展。在玻璃材料的研究制造方面陆续出现了吸热玻璃、热反射玻璃、低辐射玻璃、电敏感玻璃、调光玻璃、电磁波屏蔽玻璃等新型材料。设计者也可以采用对它们进行复合的构造方法，来达到节能的目的。一些国家明文规定了居住建筑的体形系数和合理的窗墙比。事实证明，通过外围护结构改进，新建筑的改进和旧建筑的改造存在节能的巨大潜力。

欧洲的复合墙体保温技术早已标准化和系列化。欧盟建筑技术审批部于1988年6月发布了《外墙外保温体系（用薄抹灰罩面的聚苯乙烯保温）评估指南》，经过十几年的实际应用，又由欧洲技术标准审批组织EOTA发布了《带抹灰层的墙体外保温复合体现指南》。该标准涵盖了各种不同的保温材料，如聚苯乙烯、岩面、玻璃面等，这一标准的出台标志着外墙外保温技术在欧洲已经成熟并标准化。欧洲各国在推行建筑节能的进程中不仅仅是进行墙体改革，采用传热系数较小的围护结构，而且将墙体改革与太阳能、风能、地热能等可再生能源的综合利用结合起来。英国建筑研究院近年来提出的建筑节能零二氧化碳排放和零能耗采暖的奋斗目标，以及德国政府大力鼓励低能耗住宅、被动式住宅和能源过剩住宅的政策，对我国的建筑节能都有着一定的借鉴意义。

外墙的节能

建筑能耗有诸多影响因素，除室内外热环境参数、气候环境和建筑功能等外部因素以外，主要是建筑本身，如建筑朝向、体形系数、围护结构构造、窗墙比等，其中建筑的保温隔热和气密性是影响建筑能耗的主要内在因素。据有关资料，空调建筑围护结构传热形成的负荷约占总负荷（指通过围护结构进入空调室内的总负荷）的50%～70%；门窗缝隙空气渗透形成的负荷约占20%～30%。在传热负荷中，外墙约占25%，窗户约占24%，楼梯间隔墙约占11%，屋面约占9%，窗户的传热负荷与空气渗透负荷损失相加，约占总负荷的47%。因此，加强围护结构的保温隔热与气密性是减少建筑能耗的重要环节。

在其他条件不发生变化的情况下，外墙传热系数每减少1W/（m2/K），空调热负荷、冷负荷和总负荷分别减少4%、3%和3.7%左右。有实例证明，重视建筑保温，则建筑耗能有时可降低30%～40%左右，而造价只增加大约5%左右。

在新形势下，已不能使用传统的通过增加墙体厚度的方法来达到节能设计标准要求，而要采取新型、轻型的墙体材料或复合型墙体构造来达到节能设计指标。

玻璃幕墙的节能。由于幕墙的传热系数大，隔热能力差，在炎热的夏季是热交换、热传导最活跃、最敏感的部位。单位面积幕墙能耗一般为墙体能耗的5～6倍，其能耗约占整个空调能耗的40%左右。通过外玻璃幕墙（窗）带来的太阳辐射热致使单位建筑面积冷负荷过大，空调设备运行耗电量过高，因此玻璃幕墙采取节能措施对实现空调建筑节能有极其重要的意义。

门窗节能设计

建筑门窗是建筑物外围护结构的重要组成部分，除了具备基本的使用性功能外，还必须具备采光、通风、防风雨、保温、隔热、隔声、防尘、防腐、防火、防盗、屏蔽外界视线等功能。但是，建筑门窗是整个建筑围护结构中保温隔热的最薄弱环节，是影响室内热环境质量和建筑节能的主要因素之一。据统计，在采暖或空调的条件下，冬季单玻璃窗所损失的热量约占供热负荷的30%～50%；夏季因太阳辐射热透过单玻璃窗射入室内而消耗的冷量约占空调负荷的20%～30%。随着人们生活水平的提高和对能源节约的重视，对门窗的性能要求也逐渐提高，尤其是对门窗的保温隔热和密封性能要求更高。增强门窗的保温隔热性能，减少门窗渗透所带来的能耗是改善室内热环境质量和提高建筑节能水平的重

门窗节能设计

（左侧竖排）建筑环保新理念

要环节。

衡量门窗性能的指标主要包括四个方面：阳光得热性能、采光性能、空气渗漏的防护性能和保温隔热性能等。而建筑门窗的节能技术则能提高门窗的性能指标，主要是在冬季有效地利用阳光，增加建筑的得热和采光，同时提高保温隔热性能，降低通过窗户传热和空气渗透形成的建筑能耗；在夏季则通过采用有效的遮阳和降低透过窗户产生的辐射得热及空气渗透引起的空调负荷增加所产生的建筑能耗。

四、低碳建筑的采暖节能设计

方案一　低温热水地板辐射采暖

建筑辐射采暖主要是依靠辐射传热的方式，把大部分热量直接辐射给人体和物体。室内物体受热以后，又对人体进行二次辐射。辐射换热的同时，有一小部分热量以对流传热方式加热室内空气，使室内空气温度有一定提高。它与普通散热器采暖的区别在于：普通的散热器采暖是将散热器周围的空气加热，被加热的空气再将能量传给围护结构，使地板、墙体、顶棚的温度升高，整个传热过程主要是以对流传热方式进行的，虽然也存在热辐射的作用，但其效果很小。而辐射采暖是以整个受热表面作为散热面，在加热表面附近空气进行对流换热的同时，主要以

地板采暖示意图

环保进行时丛书 *HUANBAO JINXING SHI CONGSHU*

辐射热的形式对四壁、顶板进行加热，从而使周围的围护结构表面温度升高，进而使整个围护结构内各表面温度有所升高，从而加强了对人体的热辐射强度。

低温热水地板辐射采暖是一种通过向敷设在地板层内的加热盘管（通常为料管）输送低温热水(40℃～60℃)来加热地表面，使之放射出8～13μm的远红外线，使人感到温暖的一种采暖方式。该系统以整个地面作为散热面，在通过对流换热加热周围空气的同时还与围护结构进行辐射换热，从而使围护结构内表面的温度升高。

地板辐射采暖按照地板下面加热源的不同，可以分为热水式、热空气式和电加热式地板采暖等类型。按照其埋入管路形式的不同，热水式地板辐射采暖又可分为串联式和并联式。串联式又分为直列型、旋转型、往复型。

低温热水地板辐射采暖系统和普通采暖系统形式相差不多，由热源、热媒输送和热媒利用三个主要部分组成，但低温热水地板辐射采暖系统与普通采暖系统相比存在很多优点。

比如，系统的热源选择范围比普通采暖系统宽很多。

系统中热媒输送管路可选用普通钢管。

室内温度分布均匀，舒适性好。

降低室内设计温度，节约能源。

易于实现分户计量和分室控温。

系统不易产生水力失调。

节省室内空间。

方案二　供热系统调控技术

供热调节的主要任务是维持供暖建筑的室内设定温度。当供暖系统在稳定状态下运行时，如不考虑管网的沿途热损失，则系统的供热量应等于供暖用户系统散热设备的放热量，同时也应等于供暖用户的热负荷。

我国大部分集中供热系统的建筑物内采用单管串联方式或改进的单管串联方式，基本不具备末端调节手段。由于同一供热系统内的建筑物各房间的散热器面积与房间的热负荷之比并不完全一致，实际流量与设计流量不完全一致，流量与供水温度不能准确地随气候变化而改变，以及建筑物内部某些区域由于太阳得热及其他热源造成局部过热等原因，系统普遍存在着不同建筑间的区域失调、建筑物内的水平失调以及不同楼层间的垂直失调。根据模拟分析计算，当满足最冷房间温度不低于16℃要求时，由于部分区域的过热导致的多供的热量为总供热量的20%～30%。

建筑供热系统

如集中供热系统总的供热参数不能随气候变化而及时调整，将造成供热初期和末期气候转暖时过度供热，造成热损失。这部分损失根据运行调节水平和系统规模不同，一般为总供热量的3%～5%。因此，供热系统调控对系统的正常运行和节能运行将发挥重大作用。

方案三　供热计量调节技术

供暖用热计量是我国建筑节能工作的一个重要组成部分。就房屋建筑能耗而言，它并不是直接消耗在房屋建筑上，在我国北方采暖地区，供热采暖才是能源消耗的终端。因此在进行建筑节能设计时，不能只考虑房屋建筑本身的性能，片面地强调房屋建筑墙体围护结构，还应该结合考虑供热采暖系统的节能，二者缺一不可。否则，建筑节能的目的难以实现。用户能自行调节室温并使室内温度保持要求的范围，是采暖系统按热量计量、分户计量供热的基础。

因此，居住建筑供暖按户计量是使供暖节能变成人们的一种自觉，是推动住宅建筑节能的重要措施。通过温控阀对散热器流量进行调节，从而改变其流量的热调控手段，在国外已广泛推广。合理的热价有利于保护热量生产者的利益，有利于保护消费者的利益，也有利于节能投资的回收。经过多年的研究和实践，国内对采暖热计量的认识，已经由盲目地照搬国外的计量方法转变为开始针对我国的现状提出适合我国情况的计量收费方法。目前逐渐由每户设置热量表，转向每栋设置热量表，每户合理进行分摊的正确轨道。

方案四　常规集中供热的节能技术

目前我国城市集中供热广泛应用的热源形式主要是热电厂和区域锅炉房，集中供热所用能源仍以煤炭为主。据不完全统计，目前我国集中供热产业热源总热量中，热电联产占62.9%，区域锅炉房占35.75%，其他占1.35%。

热电联产是一项综合利用能源的技术。它在发电的同时，有效利用汽化潜热进行供热，总热效率可达90%以上，环境污染少。从经济效益和社会效益两方面而言，热电联产是最合适的集中供热方式。

目前我国热电厂建设以区域热电厂为主，以企业自备热电厂为核心，兼顾周围供热的联片供热为补充。随着城市集中供热规模的发展，大容量、高参数抽凝供热机组已开始采用，这些机组在非采暖期与凝汽机组的效率基本相同，在采暖期节能效果明显，在城市供热产业发展中显示出了巨大潜力。

我国传统的供热方式是燃煤锅炉区域集中供热，由于其投资少、见效快、技术稳定，加之我国国情的影响，是目前我国集中供热的重要形式之一。但是区域锅炉能量的利用率较低，热效率大多低于60%，要消耗大量的常规能源。此外区域锅炉的除尘器除尘效率较低，仅达60%～70%，缺乏有效的脱硫设施，使城市冬季大气环境污染严重。

我国城市环境问题主要是燃煤引起的，空气呈现出典型的煤烟污染的特征。世界许多大城市的经验表明，改善大气污染状况的根本途径是改变燃料结构。天然气中不含粉尘和二氧化硫，只含微量的硫化氢，是洁净能源。用天然气供热对改善大气质量有明显的效益。按照国际上采用的把大气污染浓度或总排放量降到指标水平的成本最低分析方法，发展天然气供热是可选择的最佳方案之一。

从技术和环境的角度分析，目前大部分燃油炉只限于小规模集中供暖，而无法用于大范围的区域供热。但燃油锅炉作为集中供热的一种形式，可以用于小型别墅区、旅游区、度假村或者其他无法实施大规模集中供热地区的供暖，只要经济条件允许，无可厚非。其在我国南部供暖期短、室外气温较高的地区使用，优越性比北方明显。

按照世界供热工程发展阶段理论，集中供热可分为三个阶段：第一阶段是小锅炉、小火炉分散供热阶段；第二阶段是热电联产、区域锅炉集中供热阶段；第三阶段是低温核、热泵、热电联产等多热源联网供热阶段。我国现在正处于第二阶段，集中供热有很大的发展前景。结合我国实际情况，集中供热热源的发展前景有以下几个方面。

1. 太阳能供热技术

太阳能是地球上一切能量的主要来源，它是无穷无尽的，也是21世纪以后人类可以期待的最有希望的能源。我国是太阳能十分丰富的国家，2/3以上的国土面积日照在2200小时以上，年辐射总量接近或超过6000MJ/m2，每平方米每年可产生相当于110～280千克标准煤以上的热量。当今，将被动太阳采暖、太阳热水、太阳电池发电应用于建筑并与建筑一体化的新型太阳能建筑已在欧美、日本等国示范建成，公众反映良好。被动太阳采暖是指靠冬季太阳度角低的自然特性，以房屋结构本身来完成集

太阳地热采暖技术

太阳能供热系统

建筑环保新理念

热、贮热和释放热的采暖系统，它的造价增加不多，但节能效果显著。我国目前几乎所有民用建筑都没有配备生活热水装置，而提供生活热水是人们生活水平提高的一个重要标志。今后随着国民经济的持续增长，人们对生活热水的需求会迅速增加，太阳能热水器也会成为必然合理的选择。

2．热泵供热技术

热泵供热技术是利用电能，把热能从低温热源转移到高温热源的一种供热技术。它可以把不能直接利用的低品位热源（河水、废水、海水、工业余热气体）转换为可利用的高品位热能，从而达到节约高品位热能的目的，特别是在将低品位能源转换为采暖用能，热泵有着独特的优势。热泵经过近一个世纪的发展，目前技术上已成熟，热泵装置已进入家庭、公共建筑、厂房以达到供应空调、采暖、热水所需的热量。在我国，热泵在上海、广州等南方城市已有应用，以青岛为代表的北方城市也开始着手热泵应用方面的研究。

大型离心热泵供热系统

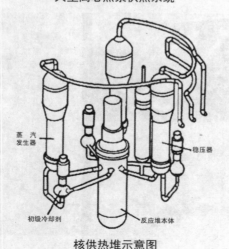

核供热堆示意图

蒸汽发生器
稳压器
初级冷却剂
反应堆本体

3．低温核能供热技术

核能是一种有广泛应用前景的新能源。核燃料的热值比煤高270万倍。核能过去主要用于发电，近几年已逐步应用于供热。低温核能供热是一种利用核反应堆单纯供热的供热方式，由于供热反应堆比用于发电的动力反应堆输出的蒸汽或热水的压力和温度低得多，其安全性大大提高，可靠近城市和热用户建设。另外投资费用也大大降低，一般仅为动力堆的1/10，其经济性可以与气、燃油供热相比较。由于其污染小、效益高，已经在发达国家广泛应用，取得了良好的社会效益和经济效益。在我国，由清华大学核研究院研究的5MW低温核示范于1989年正式运行。从长远来看，低温核能供热以其安全、清洁、高效的特点为城市供热开辟了新的道路，而且随着核技术的成熟将更加具有竞争力。

低温核能供热和热泵供热这两种技术可以节省常规能源，对解决集中供热采暖中燃煤和燃油带来的环境污染和运输问题以及缓解煤炭供应紧张等问题具有现实意义。

4．地热能供热

地球是一座天然的巨大能源库，它内部蕴藏着大量热能。地热能是地球上存储的全部的煤燃烧时放出热量的1.7亿万倍。地热能取自"天然的地下锅炉"，不需要燃烧任何燃料，省去了复杂庞大的燃料运输和燃烧系统，避免了因燃烧而产生的污染，因此是一种清洁、廉价的能源。我国的华北、山东半岛、辽东半岛等

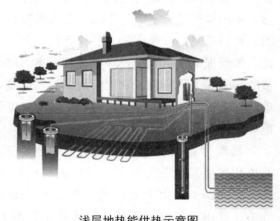

浅层地热能供热示意图

地区蕴藏有地热资源，对其合理开发利用，将对改善供热能源结构、减少污染起到巨大作用。

5．垃圾焚烧供热

将各种工业、生活垃圾焚烧后产生的热能供生产、生活使用，既有利于环境保护，还可获得较好的经济效益。在国外，日本已有成熟的垃圾焚烧技术；丹麦首都哥本哈根安装有近十座垃圾焚烧炉，生产的热水用于集

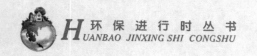

中供热。我国深圳等城市也已经有垃圾焚烧的成功经验。利用垃圾焚烧技术处理城市垃圾已被越来越多的城市所采纳。

 ## 五、低碳建筑自然能发电

低碳型自然能区别于常规能源是以低碳排放、零碳排放为特征。低碳型自然能涵盖了核能和可再生能源，又常简称为新能源。核能已是国家重点开发的新项目而可再生能源的利用则是低碳节约型建筑所要研究的重点。所谓可再生能源，就是不会随着它本身的转化或人类的利用而日益减少，具有自然恢复能力的能源。可再生能源资源丰富，清洁安全，无废无污，不污染环境，不破坏生态，是人类社会未来能源的基石。可再生资源的主要特点是：分布广泛、品位较低，具有季节性、随机性、间歇性。因此，如何提高发电效率，降低设备成本，增进运行的可靠性，包含极其丰富的科学和工程问题，它比常规能源发电复杂得多，要不断解决发展中的难题，取得技术上的突破。可再生能源发电包括太阳能、风能、地热能发电等多种类型。

低碳型自然能发电在建筑上的应用正在逐步推广，其中以太阳能发电和风能发电较为普及。目前，单机系统大都用于住宅建筑、公益园区、交通路卡，用于无常规供电领域，如光缆通信中继站、微波通信中继站、高山气象站、森林火警监视站、海上航标、边防海岛哨所等；大型系统如太阳能热发电设施、风力发电（场）站，多用于与常规电网并网运行。在建筑上，应用低碳型自然能发电是一种历史潮流，是生态环保所倡导的发展方向。低碳型自然能发电，能量分布广泛，建设应用灵活，发展潜力很大。

太阳能光伏发电技术

太阳为人类带来了无限的光和热，太阳能是取之不尽、用之不竭的能源。在太阳能利用中，可以把它转变为热能，也可以把它转变成电能。把太阳能转变为热能的技术，称为光——热转换技术；把太阳能转变为电能的技术，称为光——电转换技术。1839年，法国物理学家A.E.贝克勒尔意外发现，溶液受到阳光照射在

光伏发电设备

电极上会产生额外的电动势，他把这种现象称为"光生伏打效应"，简称"光伏效应"。后来，人们在半导体和金属的接触处又发现了固体的光伏效应，就此奠定了太阳能光伏技术的基础。把太阳能转换成电能，在能源开发领域具有广阔的发展前景，在国际上早已被列为低碳能源、清洁能源、绿色能源。目前正在逐步推广应用于低碳节约型建筑、绿色建筑、生态住宅小区、边防海岛、偏远乡村。随着航天技术的发展，太阳能光伏技术已经成功地应用于人造地球卫星、宇宙飞船和星际空间站，成为宇宙飞行器的主要能源之一。太阳能发电是当今科技发展中的一项新技术，受到环保、航天等领域的重视。许多国家都把太阳能发电当作一项战略目标、科技前沿来加以开发，太阳能发电不仅是低碳节约型建筑的重要课题，针对世界能源紧缺的状况，其开发研究更具有现实的重要意义。

经过多年的发展，太阳能光伏发电技术已日趋成熟，成为太阳能利用的主流技术之一，系统的工程应用日益普遍，如在航天工程、公共建筑、生态小区、边远农家、独立庭院、路灯照明等方面均发挥出越来越良好的作用，受到人们的普遍重视。目前，世界各国越来越多地在住宅屋顶上安装太阳能电池板。以日本为例，据该国能源部门估计，日本2100万户个人住宅如果有80%装上太阳能发电设备，便可以节省全国总电力需要的14%，如果工厂、学校及办公楼等单位用房也利用太阳能发电，则太阳能发电将占全国电力的30%～40%。我国的太阳能光伏发电的工程应用，近几年来，在节能减排低碳经济的推动下，发展十分迅速，规模不断扩大。

建
筑
环
保
新
理
念

如北京奥运、上海世博以及城市大型公共建筑、许多科技园区光伏建筑都具有相当规模和兆瓦级水平，受到国内外许多专家的好评。

在我国西北地区和青藏高原有着极为丰富的太阳能资源，可以大力推广太阳能光伏发电。2005年8月，中国科学院电工研究所在青藏铁路线上的羊八井建成了一座100kW并网光伏示范电站。该项目的建成对西藏的电力建设以及我国广大地区建设大型及超大型并网光伏电站有着重要的指导意义。

作为西藏可再生能源利用的典范之一，在羊八井已建成了目前国内最大的地热电站。该电站属于藏中电网的一部分，藏中电网的负荷中心在拉萨地区，其用电负荷占全网负荷的78%左右，从当前情况看，藏中电网的容量已经不足，供电的可靠性难以保证。特别是随着青藏铁路的建成，从格尔木到拉萨铁路沿线没有中间电力供应，建设大型及超大型并网光伏电站不失为一个重要的发展向。

"鸟巢"是光伏并网发电

许多住宅小区、城郊别墅，把太阳能光伏电池方阵安装在屋顶、屋面、阳台、幕墙上，构成光伏屋顶、墙面系统。光伏屋顶、墙面系统可以作为独立电源供电，也可以并网形式供电。

光伏屋顶、墙面系统的并网供电是当今光伏应用的新趋势。并网供电的光伏系统一般不必配备蓄电池，这样可以降低系统造价，免除维护和定期更换电池的麻烦。夏季由于空调电扇等设备的开动，形成用电高峰，而这时也正是光伏系统发电最多的时期，并网系统可以对公共电网起到一定的调峰作用。独立光伏系统在蓄电池被充满后，多余的电力将白白浪费，并网的光伏系统则可对公共电网作出贡献。

近年来，我国先后举办了许多大型国际国内极具影响力的活动，如北京奥运会、上海世博会、南京全运会、济南全运会等。为了迎接这些活动，新建了许多公共建筑。所有这些建筑，其规模之大、水平之高，都是前所未有的。除现代化、智能化以外，它们的共同特点是突出了绿色理念，把节能、环保摆在首位，普遍建设了太阳能光伏系统。

风力发电技术

风力发电是对风能的一种利用。风能是太阳能的一种转换形式，是一种不产生任何污染物排放的可再生的自然能源。风力发电技术属于新兴技术，风力产业是一项朝阳产业，风力发电技术的发展将给能源产业带来新

风能发电

的活力，它在低碳节约型建筑上必将获得多方面的应用，成为一种绿色、减排、环保的措施和人们的生活方式，成为新能源发展的一个方向。随着科技的进步、新型高强度轻质材料的出现，计算机设计技术的广泛应用和自动控制技术的不断改进，机械、电气、电子元器件和技术的成熟，为风电技术向大功率、高效率、高可靠性和高自动化方向发展提供了有利条件，在建筑用户的普及推广应用上，也具有广阔的发展空间。